제 5 판

실험 KIT와 함께 하는 Arduino 입문서

아두이노 완전정복

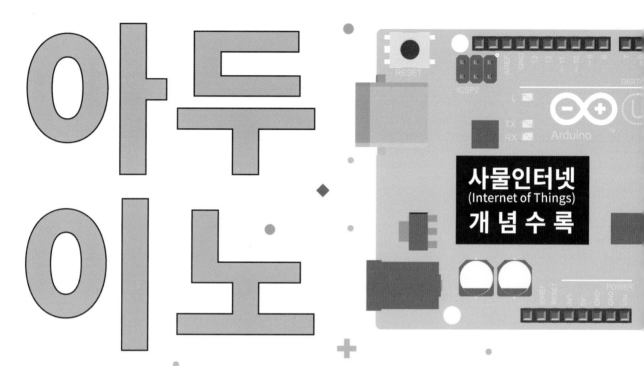

사물인터넷
(Internet of Things)
개 념 수 록

D.B.Info

김경연, 장정형, 박민상 공저

머리말

Arduino(아두이노) 디바이스를 이용해서 자신만의 장난감, 원격 조종기, 로봇 등의
여러 가지 흥미로운 프로젝트를 할 수 있다.

Chapter 1. 아두이노 시작하기에서는 아두이노 제품들의 종류와 사용법에 대해서 간단히 설명을
하고 Chapter 2~9까지는 Arduino UNO R3 제품을 이용해서 아두이노 하드웨어와 함께 사용할
수 있는 많은 간단한 부품들과 센서, 확장 보드들의 자세한 사용법과 응용에 대해서 설명한다.
Chapter 10부터는 적외선 통신과, 지그비(Zigbee) 통신, 블루투스(Bluetooth) 통신을 이용해서 무
선으로 획득한 센서의 데이터를 전송하는 실험을 해보고, Chapter 12에서는 Arduino Ethernet
Shield 제품을 이용해서 아두이노를 인터넷에 연결하는 방법에 대해서 설명한다.

이 책의 집필 의도는 이런 멋진 기능을 구현하기 위해서 복잡한 공학적인 내용을 설명하려고 하는
것은 아니다. 때문에 C언어에 대한 자세한 설명보다는 동작에 대한 기초 원리와 아두이노에서 어
떻게 이것을 활용할 수 있는가에 초점을 맞추었다.

공학을 전공하지 않아도 C/C++을 모르는 사람도 아두이노 IDE 프로그램과 아두이노 하드웨어만
갖춘다면 간단한 실습을 통해서 누구나 쉽게 아두이노 하드웨어들과 외부 세계를 연결해 주는 다
양한 센서들의 사용법을 익힐 수 있도록 하는 것이 목표이다. 스케치 코드에서 사용된 C/C++ 언
어에 대해서 완전하게 그리고 자세히 알고 싶은 독자는 시중에 넘쳐나는 C/C++ 문법관련 도서나
웹 사이트를 통해서 얼마든지 알아갈 수 있다.

물론 이미 시중에는 이러한 비슷한 형식을 갖추고 출간되어 있는 많은 아두이노 책들이 나와 있다.
거기에는 번역서도 있고 국내 저자들에 의해서 집필된 도서도 있다. 필자도 번역서와 국내 서적들
을 여러 권 읽어 보았다. 이미 발간된 몇 권의 책을 읽어 보면서 많이 아쉬웠던 부분이 있었는데,
그것은 아두이노 기본 하드웨어를 제외하고 책에서 실습에 사용되어진 다양한 센서들과 입/출력

장치들의 실험 재료들을 구하기가 어려워서 직접 실험을 해볼 수가 없기 때문에 책의 내용을 완벽하게 이해하는데 한계가 있었다는 것이다. 특히 외국 번역서들은 실험 재료들을 구할 수 있는 온라인 URL을 제공하지만 모두가 해외 구매처여서 국내 사용자들이 직접 구매하기는 쉽지 않았고 국내 서적들도 실험 재료를 구매하거나 구할 수 있는 자료가 많지는 않았다.

이 책은 집필할 때부터 교재에 사용된 모든 실험 세트들을 같이 제공하기 위해서 저렴하고 구매하기 쉬운 재료들을 사용하였고 본 교재에서 사용된 모든 실험 재료들을 갖춘 통합 개발키트도 같이 판매하고 있다. 통합 개발키트는 http://www.deviceshop.net에서 쉽게 구매할 수 있다. 또한 실험에 사용된 개별 재료로도 구매 가능하다.

시간이 된다면 이 교재의 후속편으로 아두이노 응용 기술들을 다루는 조금 더 난이도가 있는 응용 프로그램들에 대한 내용을 집필해 보고 싶다. 특히나 최근에 가격이 많이 내린 3D 프린터를 이용하여 아두이노 보드와 3D프린터로 출력한 기구물들을 이용하여 실제 움직이는 RC 자동차, 쿼드콥터, 탱크와 같은 제품의 Prototype을 해보고 싶다.

2016년 7월 저자 씀

이 교재에서 사용한 모든 스케치 코드는 네이버카페 또는 JK전자 홈페이지에서 모두 다운로드 받을 수 있고 모든 부품 또한 구매가 가능하다.

☐ **JK전자 홈페이지 (http://www.jkelec.co.kr)**
JK전자 홈페이지 또는 온라인 쇼핑몰 디바이스샵(http://www.deviceshop.net)을 통해서 이 교재에서 사용한 모든 부품들을 개별로 구매하거나 패키지 제품으로도 구매가 가능하다. 이 교재에서 사용하는 모든 부품들에 대한 자세한 리스트는 부록에서 모두 확인할 수 있다.

☐ **이 교재의 사후지원 카페(http://cafe.naver.com/avrstudio)**
네이버카페를 통해서 이 교재에 대한 문의사항이나 추가 요청사항들을 게시판을 통해서 지원하고 있고 또한 이 교재의 잘못된 사항에 대한 내용도 카페를 통해서 업데이트 하도록 할 것이다.

차 례

아두이노 소개

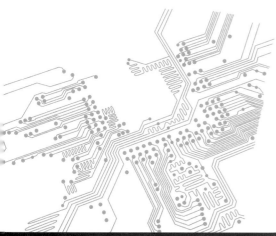

01

C/H/A/P/T/E/R

1.1 아두이노(Arduino)란?

· 아두이노는 이탈리아 회사(http://www.arduino.cc)에서 처음으로 개발되었고 AVR 기반의 마이크로컨트롤러 하드웨어와 소프트웨어 개발을 쉽게 해주는 개발환경(IDE)을 합쳐서 아두이노라고 한다.

아두이노 소프트웨어는 무료이고, 오픈소스, cross-platform(리눅스, Windows, MAC OS 등)을 지원한다. 하드웨어 디자인 또한 모두 공개되어 있는 오프 소스이다. 필자의 생각에 이렇게 무료로 공개된 개발환경과 하드웨어 플랫폼을 기반으로 전 세계적으로 제작된 아두이노와 호환되는 수많은 하드웨어 자원들(센서, 네트워크, 입출력 장치 등), 이 자원들을 쉽게 활용할 수 있도록 제작된 오픈된 소프트웨어 코드들(Sketch)과 아두이노에 흥미를 가지고 있는 사람들의 수많은 커뮤니티들이 진정한 아두이노의 파워라고 할 수 있다.

아두이노 환경은 전문적인 소프트웨어 혹은 하드웨어 엔지니어를 위해서 설계된 것은 아니지만 뭔가 새로운 것을 만들고 싶고, 창의적인 아이디어는 있으나 공학에 대한 지식이 부족한 사람들이 쉽게 이해하고 저렴한 가격에 하드웨어를 갖추어서 프로토타이핑을 하고 싶다면 아두이노를 선택하라. 아두이노가 대단하다고 생각되는 것이 초보자를 위해서 설계된 환경이지만 기초적인 일들만 할 수 있는 것이 아니라 아두이노 개발환경과 몇 가지 하드웨어만 갖춘다면 다음과 같은 다양한 일들을 할 수 있다.

- 모터제어를 통한 기초 로봇
- 음악, 사운드 장치
- 온도, 습도, 화염, 기울기 등 다양한 센서 인터페이스
- 게임 분야 등
- 유선, 무선 네트워크 시스템

이러한 이유로 아두이노 플랫폼은 전 세계에 많은 사용자들을 확보하고 있고 현재 에도 계속해서 발전해 나가고 있다.

아두이노 소프트웨어

아두이노 소프트웨어는 공학을 전공한 사람에게는 좀 특이하게 생각되겠지만 "Sketch" 라는 용어를 사용하고 아두이노 통합개발환경 Integrated Development Environment(IDE) 에서 코드를 작성할 수 있다. 아두이노 IDE 환경에서 작성되어진 소스코드(Sketch)는 바로 IDE 환경에서 컴파일하고 아두이노 하드웨어(Arduino UNO R3, Leonardo 등)에 바로 업로드 할 수 있다. 원래 아두이노 하드웨어에서 사용하는 AVR 기반의 마이크로컨트롤러 들은 ISP라는 프로그램 장비가 별도로 있어야 하지만 아두이노에서는 IDE환경에서 별도의 추가 장비 없이 프로그램을 아두이노 하드웨어에 업로드 할 수 있다. 이러한 기능이 가능한 이유는 아두이노 하드웨어 CPU에 이미 ISP기능을 하는 Bootloader 라는 프로그램이 존재 하고 있기 때문이다.

아두이노 하드웨어

아두이노 IDE(개발환경)에서 작성한 코드를 업로드해서 실행할 수 있는 AVR CPU 기반 의 실제 타깃 보드이다. 아두이노 하드웨어에는 단순하지만 수십여 가지의 센서들, LCD, 모터, 네트워크 등 쉴드라고 일컬어지는 모듈들을 연결하여 확장이 가능하다. 아두이노 하드웨어는 이탈리아의 아두이노사에서 정식으로 판매하는 제품들이 있고 전 세계적으로 아두이노와 호환하는 제품을 생산하는 수많은 Third Party들이 있다.

어쨌든 아두이노를 처음 시작한다면 가장 인기 있는 하드웨어 제품인 Arduino UNO R3(2013년 현재) 제품으로 시작하는 것이 좋다. Arduino UNO R3는 아두이노 하드웨어 중에서 전 세계적으로 가장 많이 사용되는 하드웨어이고 바로 다운받아서 실행해볼 수 있는 수많은 재미있는 예제 리소스들이 존재하기 때문이다. 만약 아두이노 환경에 익숙하 고 좀 더 많은 확장을 원한다면 Arduino Mega 2560 R3(최대 속도 16MHz) 제품을 사용하면 되고 최근에는 ARM 기반의 고성능 CPU를 기반으로 하는 Arduino DUE(최대 속도 84MHz) 제품도 출시되었다. 아래 URL들은 아두이노 하드웨어를 자세히 소개하고 있는 사이트와 온라인에서 바로 구매가 가능한 사이트들을 나열하였다.

- 아두이노 Official board

  http://www.arduino.cc/en/Main/Hardware

- 아두이노 Compatible board

  http://www.deviceshop.net

http://www.toolparts.co.kr

- Online guides for getting started

    http://arduino.cc/en/Guide/Windows : for Windows

1.2 아두이노 개발환경

여타 다른 마이크로프로세서 개발환경과 다르게 아두이노는 개발환경 S/W부터 아두이노 H/W 모두를 오픈소스로 진행하고 있고 개발환경도 무료로 누구나 다운받아서 사용이 가능하다. 전 세계의 많은 사람들이 아두이노를 사랑하는 이유에 아마도 이 부분도 큰 몫을 했을 것이다. 이 책을 읽는 독자 분들 중에 아두이노 이외의 다른 마이크로프로세서를 사용해본 독자 분들이 계시다면 ARM Processor 계열의 개발 장비와 컴파일러 개발 환경이 수천만원이 넘는다는 사실을 알 수도 있을 것이다.

아두이노 통합개발환경(IDE) 다운로드

아두이노 통합개발환경 소프트웨어를 http://arduino.cc/en/Main/Software에서 다운로드 받을 수 있다.

Download

Arduino 1.0.5 (release notes), hosted by Google Code:

+ Windows Installer, Windows (ZIP file)
+ Mac OS X
+ Linux: 32 bit, 64 bit
+ source

Next steps

Getting Started
Reference
Environment
Examples
Foundations
FAQ

Download Arduino 1.5 BETA (with support for Arduino Due Board)

If you have the new Due Board you must download the 1.5.2 version. Once you get the software follow **this instruction** to get started with the Arduino Due.

[그림 1-1] 아두이노 IDE 소프트웨어 다운로드 화면

Linux, Mac OS X, Linux용 모두 있지만 우리는 Windows 환경에서 아두이노를 사용할 것이기 때문에 Windows(ZIP file)용을 다운로드 받는다. 2013년 2월경에는 아두이노 소프트웨어 버전이 1.0.3이었는데 현재 2019.6월 벌써 1.8.9가 올라와 있다. 그리고 ARM기반의 Arduino DUE를 사용하기 위해서는 현재에는 1.5 BETA 버전을 사용해야 한다. 이후에는 버전이 어떻게 바뀔지 모르지만 가장 최신 버전의 개발 환경을 유지하기 위해서는 http://arduino.cc/에 자주 방문하여 확인하는 것이 좋다. 아두이노 IDE 실행파일 이외에도 소스코드도 같이 다운받아서 분석해볼 수 있다.

아두이노 통합개발환경(IDE) 설치

아두이노 통합개발환경은 Windows Installer 버전도 있고 설치 과정 없이 압축만 해제하면 바로 실행 가능한 버전도 이다. 우리는 Windows(ZIP file) 형태의 파일을 다운받을 것이다. 다운받은 프로그램은 별도의 설치 과정이 필요 없이 다운받은 ZIP 파일을 단순히 압축을 해제해서 사용하면 된다. 필자의 경우 "C:/Arduino-1.0.5"에 압축 해제하여 설치를 하였다. 물론 "C:/Arduino-1.0.5" 폴더 이외의 다른 위치에 설치를 해도 문제가 되지는 않는다.

설치가 완료되었으면 "arduino.exe" 프로그램을 실행해보자. 참고로 "Arduino-1.0.5"의 "1.0.5"은 아두이노 프로그램의 버전이다. 다운받은 버전에 따라서 달라질 수 있다. arduino.exe 파일을 더블클릭해서 실행을 하면 아래와 같이 스플래시 화면과 함께 실행이 된다.

[그림 1-2] Arduino splash screen (version 1.0.5 in Windows 7)

아래 그림은 아두이노 프로그램을 실행했을 때 처음으로 나타나는 개발환경에서의 빈 Sketch 화면이다.

[그림 1-3] 아두이노 IDE (version 1.0.5 in Windows 7)

‒ 아두이노 설치 관련 Troubleshooting

http://arduino.cc/en/Guide/Troubleshooting

1.3　Arduino UNO R3로 시작하기

Arduino UNO R3는 아두이노를 처음 시작할 때 가장 많이 사용되는 하드웨어로 앞으로 진행되는 대부분의 예제 실습들은 Arduino UNO R3 하드웨어를 가지고 진행이 될 것이다. 물론 네트워크 실습에서는 Arduino Ethernet Shield를 추가로 확장해서 사용할 것이다.

[표. Arduino UNO R3 하드웨어 사양]

Microcontroller	ATmega328
Operating Voltage	5V
Input Voltage	7-12V Recommended
Digital I/O Pins	14 (of which 6 provide PWM output)
Analog Input Pins	6
DC Current per I/O Pin	40 mA
Flash Memory	32 KB
SRAM	2 KB (ATmega328)
EEPROM	1 KB (ATmega328)
Clock Speed	16 MHz

Flash Memory 용량만큼 아두이노 코드(Sketch)를 작성하고 업로드 해서 실행 시킬 수 있고 32KB 중에서 0.5KB는 부트로더에서 이미 사용하고 있기 때문에 실제로는 31.5KB 만큼의 Sketch를 작성할 수 있다.

[그림 1-4] Arduino UNO R3 사진

Arduino UNO R3 하드웨어 구성

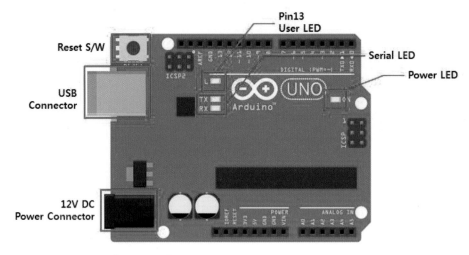

[그림 1-5] Arduino UNO R3 하드웨어 구성

아두이노 하드웨어에 관심이 있는 독자라면 아래 URL에서 Eagle, PDF 포맷의 회로도를 다운로드 받을 수도 있다.

* Arudino UNO R3 PDF 회로도

  http://www.jkelec.co.kr/arduino/uno-r3/Arduino_Uno_Rev3-schematic[1].pdf

  http://arduino.cc/en/uploads/Main/Arduino_Uno_Rev3-schematic.pdf

Arduino UNO R3 뿐만이 아니라 아두이노사에서 릴리즈한 모든 하드웨어 회로도와 Eagle 포맷의 PCB 데이터가 공개되어 있다.

아두이노사에서 공개한 Eagle PCB 파일이 있으면 Eagle 프로그램에서 Gerber 포맷의 파일을 추출하여 PCB 제조업체에 넘겨서 PCB 제작을 맡기면 아두이노 PCB를 만들 수 있다. 물론 PCB만 있다고 해서 아두이노 보드를 만들 수 있는 것은 아니다. 비어있는 PCB 제품에 ATMEGA328 CPU와 부품들을 납땜을 하면 나만의 아두이노 보드를 완성 할 수 있다. 부품을 모두 올린 이후에 아두이노 부트로더 파일을 ATMEGA328 CPU에 업로드를 하면 아두이노 하드 웨어가 완성된다. 필자도 아두이노 PCB에 직접 부품들을 손으로 납땜을 해봤지만 쉬운 작업은 아니다.

Arduino UNO R3 전원공급

Arduino UNO R3에 전원을 공급하기 위한 방법은 2가지가 있다. USB 케이블(A to B형)을 이용하여 PC와 Arduino UNO R3의 USB Socket에 연결하거나 Arduino UNO R3의 DC Socket에 7~12V DC Adapter(외경 : 5.5mm, 내경 : 2.1mm)를 연결하면 된다. 물론 아두이노 IDE(개발환경)에서 프로그램을 수정해서 Arduino UNO R3 에 프로그램을 업로드 하려면 반드시 USB를 통해서 PC와 연결이 되어 있어야 한다.

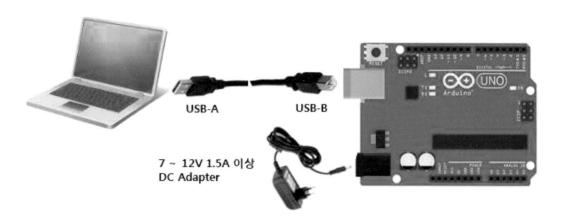

[그림 1-6] Arduino UNO R3 전원 연결

PC와 연결확인

Arduino UNO R3 제품을 USB 케이블을 이용하여 PC와 연결을 하고 USB장치 드라이버 가 정상적으로 설치 완료되었다면 아래 그림과 같이 윈도PC의 장치 관리자에 "Arduino Uno(COM9)" 포트가 올라와 있는 것을 볼 수 있다. "COM9"의 "9"은 사용자의 PC마다 다른 번호로 나타날 수 있고 같은 PC라 할지라도 어떤 USB포트에 연결했는가에 따라서 번호가 달라질 수 있다.

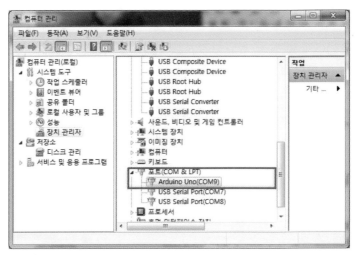

[그림 1-7] Arduino UNO R3와 Windows7 PC와 연결

> **참 고**
>
> Windows 환경에서 장치관리자를 실행하는 방법은 실행메뉴(Windows+R)에서 devmgmt.msc를 입력한 후 Enter를 누르면 된다.

아두이노 USB 드라이버가 정상적으로 설치되었다면 위 그림과 같이 장치관리자에 "Arduino Uno" 시리얼 포트가 올라오지만 Windows7 PC의 경우 아래 그림과 같이 USB 드라이버가 인식이 되지 않아서 "알 수 없는 장치"로 설치되는 경우가 있다.

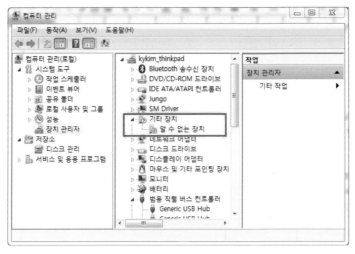

[그림 1-8] Windows7 PC에서 USB 연결이 잘 되지 않는 경우

이러한 경우에는 수동으로 장치 드라이버를 업데이트 해주어야 한다.

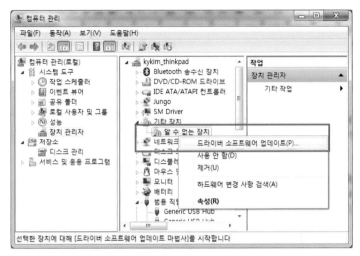

[그림 1-9] Windows7 PC에서 USB 장치 업데이트

장치 관리자에서 "알 수 없는 장치"에 마우스 오른쪽 버튼을 클릭하면 "드라이버 소프트웨어 업데이트" 명령을 수행할 수 있다.

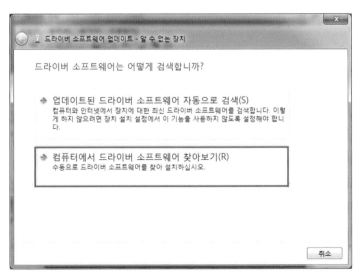

[그림 1-10] Windows7 PC에서 USB 장치 업데이트

드라이버 소프트웨어 업데이트 창이 나오면 위의 그림처럼 "컴퓨터에서 드라이버 소프트웨어 찾아보기(R)"을 선택한다.

[그림 1-11] Windows7 PC에서 USB 장치 업데이트

그리고 장치 드라이버가 있는 폴더의 위치를 아두이노 IDE 개발환경이 설치된 폴더 "C:₩arduino-1.0.5₩drivers"를 선택한다.

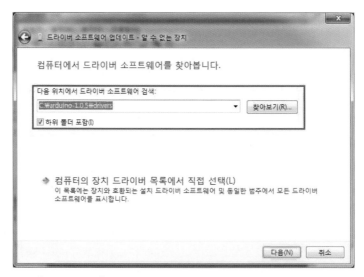

[그림 1-12] Windows7 PC에서 USB 장치 업데이트

드라이버 위치를 선택했으면 "다음"으로 진행한다.

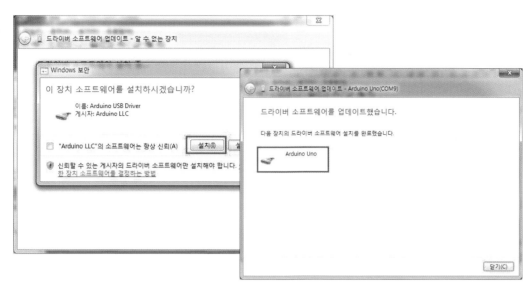

[그림 1-13] Windows7 PC에서 USB 장치 업데이트

아두이노 USB 장치드라이버가 성공적으로 설치된 화면이다.

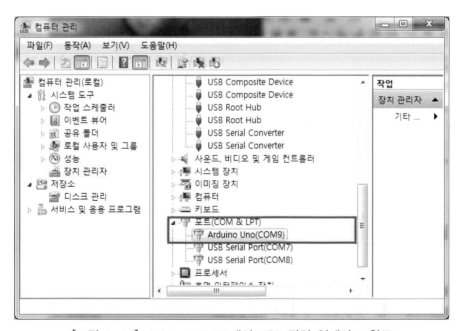

[그림 1-14] Windows7 PC에서 USB 장치 업데이트 완료

아두이노 보드에 맞는 IDE 환경 설정

사용하는 아두이노 보드에 따라서 아두이노 IDE환경에서 설정을 해주어야 한다. 우리는 Arduino UNO R3를 사용할 것이기 때문에 메뉴에서 "도구/보드/Arduino UNO"를 선택한다.

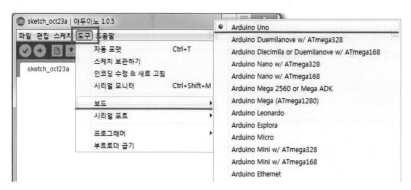

[그림 1-15]   Arduino 보드 설정

스케치 불러오기

아두이노를 처음으로 사용해 본다면 아두이노 IDE 환경에서 기본으로 제공하는 스케치부터 불러와서 테스트를 해보도록 하자. 친절하게도 아두이노 IDE를 설치하면 간단하게 아두이노 보드를 테스트 해볼 수 있는 몇 가지 예제를 기본으로 제공하고 있다. 메뉴에서 "파일/예제/01.Basics/Blink"를 선택한다.

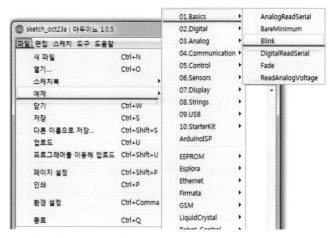

[그림 1-16]   Arduino 스케치 불러오기

새로운 아두이노 스케치 창이 열리고 아래 그림과 같은 스케치를 불러온다.

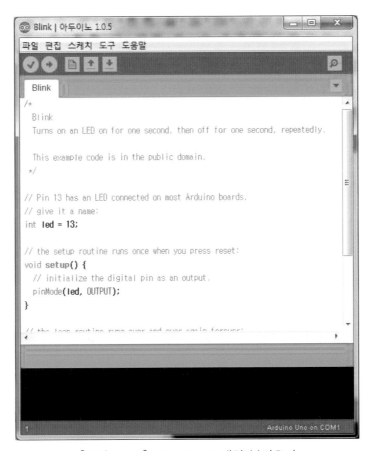

[그림 1-17] Arduino 스케치 불러오기

불러온 Blink 스케치의 실제 위치는

"C:\arduino-1.0.5\examples\01.Basics\Blink\Blink.ino"

에 위치하고 있고 Windows7 OS에서 파일의 속성을 보면 Arduino Source Code(.ino) 파일로 arduino.exe와 연결되어 있는 것을 알 수 있다. 아두이노에서 제공하는 기본 스케치 파일들의 위치는 아두이노 IDE프로그램을 어떤 경로에 설치했는지에 따라서 달라진다. 본 교재에서는 설치 위치를 "C:\arduino-1.0.5"에 했기 때문에 위와 같은 경로에 기본 스케치 예제들이 위치한다.

[그림 1-18] Arduino 프로젝트 파일 속성

스케치 작성 및 저장하기

우선 불러온 스케치를 아무 수정 없이 메뉴에서 "파일/저장" 혹은 "Ctrl+S"를 하면 아두이노 기본 예제 스케치들이 읽기 전용으로 되어 있기 때문에 다른 장소에 스케치를 저장하라는 메시지가 나오게 된다.

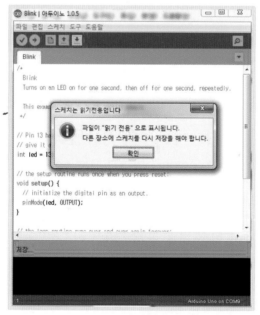

[그림 1-19] Arduino 스케치 저장하기

아두이노에서 제공하는 기본 스케치를 불러온 상태에서 수정을 하고 같은 위치에 바로 저장을 하게 되면 기본 스케치 예제코드가 훼손되기 때문에 다른 저장 장소에 스케치를 저장하는 것이 좋다. 스케치를 저장하는 위치는 어떤 곳이든 상관이 없지만 체계적인 관리를 위해서 C드라이브에 작업 폴더 Work를 생성하고 "C:\Work\Blink\ Blink.ino" 위치에 저장하자. 앞으로 진행되는 모든 스케치들은 C:\Work 폴더에 적당한 폴더를 생성하고 저장하도록 하겠다.

[그림 1-20] Arduino 스케치 저장하기

아두이노 스케치를 작성하는 문법(Syntax)은 공학에서 널리 사용되는 C/C++ 언어와 유사한 형식을 가지고 있다. 이미 C언어를 공부한 사람이라면 스케치를 보면 굉장히 편안함을 느꼈을 것이다. 하지만 지금 C언어를 모른다고 해서 너무 걱정하지 않아도 된다. 이 책에서는 초보자도 알아보기 쉬운 코드만으로 진행할 것이고 조금 복잡한 코드들에 대해서는 그때 그때 상세하게 설명해 나갈 것이다. 그리고 이 책의 마지막 Chapter에서 스케치를 작성하는데 필요한 문법(Syntax)에 대해서 따로 자세히 설명을 하고 있다.

스케치 컴파일 및 업로드

스케치를 컴파일하는 방법은 간단하다. 메뉴에서 "스케치/확인&컴파일"을 선택하거나 단축키로 "Ctrl+R"을 누르거나 아두이노 IDE에서 ✅아이콘을 누르면 된다. 작성한 스케치에 문법적인 에러가 없다면 아래 그림과 같이 컴파일이 성공적으로 완료되었다는 내용과 함께 아두이노 H/W(여기서는 Arudino UNO R3)에 업로드 할 준비가 완료된 것이다.

[그림 1-21] Arduino 스케치 컴파일

스케치에 문법 에러가 발생한 경우에는 어떻게 되는 확인해 보기 위해서 문법 에러를 발생시켜 보도록 하자. led라는 변수를 led_err로 수정한 이후에 컴파일을 해보자.

[그림 1-22] Arduino 스케치 컴파일 에러

정보 윈도우에 에러가 발생한 라인 번호와 원인을 알려주고 스케치 윈도우에도 주황색배경으로 하여 에러가 발생한 라인을 시각적으로도 표시해 준다. 다시 에러를 수정한 이후에컴파일을 해서 에러가 없어졌다면 이제 아두이노 UNO R3 하드웨어에 업로드 할 준비가완료된 것이다. 아두이노 보드에 스케치를 업로드 하기 위해서는 장치관리자에 올라와있는 아두이노 UNO의 시리얼 포트 번호에 맞추어서 아두이노 IDE 환경에서 시리얼 포트를설정해 주어야 한다. "도구/시리얼포트/COM9"를 선택한다.

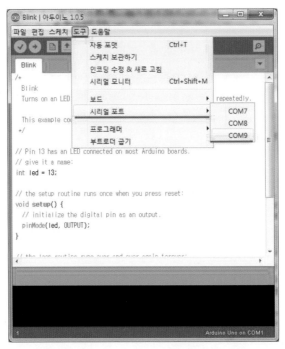

[그림 1-23] Arduino 시리얼 포트 설정

　　"파일/업로드" 혹은 "Ctrl+U" 단축키를 이용하거나 아이콘을 눌러서 컴파일한 결과물 (공학에서는 실행 바이너리 파일)을 Arudino UNO R3 하드웨어에 업로드 한다. 실행에 문제가 없다면 Arduino UNO R3의 LED가 Blink(1초 주기로 LED가 On/Off 됨) 되는 것을 확인할 수 있다. C/C++에 익숙한 독자라면 아두이노 스케치 코드에서 main() 함수가 없다는 것을 알 수 있을 것이다. 아두이노에서 main() 함수가 없는 것은 아니고 아두이노 개발환경 에 숨겨져 있다고 생각하면 된다. 아두이노 빌드 프로세스에 대해서 더 자세히 알고 싶다면 *http://www.arduino.cc/en/Hacking/BuildProcess* URL 페이지를 방문하면 더 상세히 알 수 있다. LED가 어떻게 Blink가 되는지 첫 번째 아도이노 스케치 코드를 분석해 보도록 하자.

```
/* 아두이노 Blink 프로그램 구조 */

// Pin 13 has an LED connected on most Arduino boards.
// give it a name:
int led = 13;

// the setup routine runs once when you press reset:
void setup() {
  // initialize the digital pin as an output.
  pinMode(led, OUTPUT);
}

// the loop routine runs over and over again forever:
void loop() {
  digitalWrite(led, HIGH);    // turn the LED on (HIGH is the voltage level)
  delay(1000);                // wait for a second
  digitalWrite(led, LOW);     // turn the LED off by making the voltage LOW
  delay(1000);                // wait for a second
}
```

아두이노 스케치의 전체적인 코드의 흐름은 위와 같다. 일반적으로 C/C++ 프로그램에서 프로그램의 첫 번째 시작 지점은 main() 함수에서 시작이 되지만 아두이노 스케치 코드에서는 main()이라는 함수는 존재하지 않는다. 정확히 이야기하면 존재하지 않는 것이 아니라 아두이노 IDE 환경 안에 숨겨져 있는 것이다. setup()은 아두이노 스케치에서 한 번만 실행이 되고 loop()는 아두이노 스케치가 종료될 때까지 반복적으로 실행이 된다. loop() 안에서 반복적으로 실행되고 있는 digitalWrite(led, HIGH)가 LED를 켜는 코드이고 digitalWrite(led, LOW)가 LED를 끄는 코드이다. delay(1000)은 1초동안 아무것도 하는 일 없이 기다리는 코드이다. loop() 안에서 LED를 켜고 1초 동안 기다린 후에 LED를 끄고 다시 1초를 기다리는 것을 반복하면 LED가 1초에 한번씩 Blink 된다.

이러한 자세한 설명들은 앞으로 진행될 각 Chapter들의 예제들을 통해서 자세히 설명하도록 하겠다. 이제 아두이노를 사용하여 재미있고 다양한 예제들을 실험해볼 수 있는 모든 준비가 되었다. 각 Chapter들의 예제들을 직접 실험해 보면서 아두이노를 가지고 어떤 일들을 할 수 있는지 직접 체험해 보도록 하자.

전기, 전자의 기초

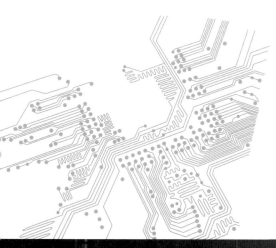

02
C/H/A/P/T/E/R

전압, 전류, 저항 이러한 용어들은 한 번씩은 들어보거나 혹은 학교 다닐 때 배웠던 내용일 것이다. 하지만 막상 책을 보지 않고 설명을 하려고 하면 쉽게 머리에 떠오르지는 않는다. 우리가 아두이노를 배우는데 있어서 이러한 전자의 기초를 알지 못한다고 해서 아두이노를 가지고 실험을 하는데 문제될 것은 없다.

하지만 아두이노를 가지고 하는 실험들의 원리에 대해서 한번쯤은 생각해 볼만 하다. 이번 장에서는 아두이노를 가지고 여러 가지 실험들을 하기 전에 전기, 전자의 기본적인 내용들에 대해서 간단하게 알아보고자 한다. 물론 이번 장의 내용들을 다 알지 못한다고 하여도 실망은 하지 마라. 이후의 장에서 실험을 해 나가면서 직접 체험으로 배워 나갈 수도 있다.

2.1 전류와 전압

전자 기기를 구성하는 전자 소자는 기본적으로 전류가 흐르느냐 흐르지 않느냐로 켜기-끄기(ON-OFF) 상태를 결정하여 복잡한 연산이나 기계의 논리적 작동을 해내게 된다. 이렇듯 전기의 이용에 있어서 전하들의 흐름을 전류라고 한다. 전류는 전위(전기적 위치에너지)의 차이 때문에 생기는 것이다. 즉, 물이 높은 곳에서 낮은 곳으로 흐르듯이 전류도 마찬가지로 전압이 높은 곳에서 낮은 곳으로 이동한다.

전위는 음의 전하가 많은 곳은 전위가 낮고, 양의 전하가 많은 곳은 전위가 높다. 양의 전하가 많은 곳과 음의 전하가 많은 곳이 연결이 된다면 양의 전하는 전위가 낮은 곳으로, 음의 전하는 전위가 높은 곳으로 양쪽의 전위 차이가 없어질 때까지 움직일 것이다. 건전지의 경우 음극과 양극의 전위차가 없어지게 되면 건전지가 방전이 되어 더 이상 전원 공급을 하지 못하게 된다.

역시 말로는 쉽게 설명이 되지 않는다. 다음의 그림을 보자. 1.5V AA건전지의 (+)쪽과 (-)쪽의 전위차에 의해서 전기가 흐르면서 중간에 연결된 LED가 켜진다. 이때 (+)쪽에서 (-)쪽으로의 전기의 흐름을 전류라고 하고 (+)극과 (-)극의 전위차를 전압이라고 한다.

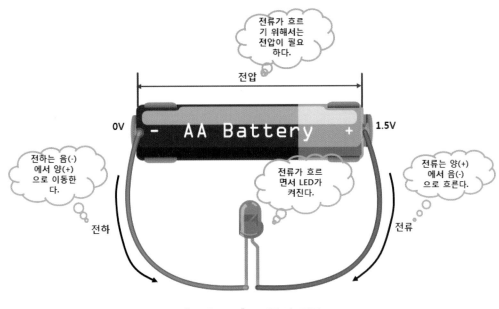

[그림 2-1] 전류와 전압

2.2 저항

우리가 앞으로 실습을 하면서 가장 많이 사용하게 될 부품 중에 하나가 저항이다. 양쪽으로 리드선이 길게 나와 있는 저항을 사용하게 될 것 이다. 저항은 극성이 없고 전류의 흐름을 억제하는 기능을 가진 전자 부품이다. 극성이 없다는 것은 저항의 양쪽 다리에 전원의 음극이든 양극이든 상관하지 않고 연결을 하면 된다는 의미이다. 저항은 재료, 길이, 온도에 따라서 저항의 값이 변화한다. 도선의 저항(R)은 도선의 길이(L)에 비례하고, 단면적(S)에 반비례한다.

$$R(저항) \ = \ L(도선의\ 길이)/S(단면적)$$

위와 같은 식으로 표현할 수 있다. 그리고 일반적으로 도선의 온도가 높아지면 도체 내부에서 전자와 원자들의 충돌 횟수가 많아져서 저항이 커지게 된다. 저항 값의 단위는 옴(Ohm)을 사용하고 기호로는 Ω와 같은 기호를 사용한다.

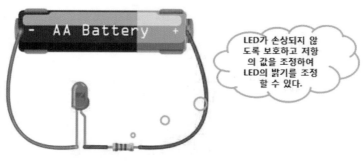

[그림 2-2] 전류와 저항1

아래 그림은 위의 부품간의 배선도를 회로 기호를 이용해서 표현한 것이다. 이러한 그림을 회로도라고 한다. 회로도를 잘 이해할 수 있어야 아두이노 스케치도 작성을 할 수 있다. 처음에는 회로도에 익숙하지 않아서 어려울 수도 있지만 이 책에서는 모든 실험에 대해서 부품 연결 배선도와 회로도를 같이 제공할 것이다. 부품 배선도와 회로도를 비교해서 잘 보면 이해할 수 있다.

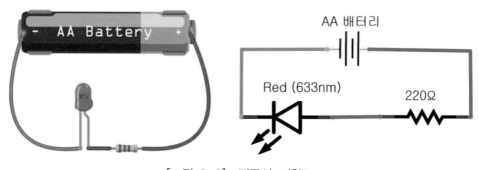

[그림 2-3] 전류와 저항2

위의 그림을 보면 이전 그림과 달리 LED 바로 앞에 저항이 연결되어 있다. 여기서 저항이 하는 역할은 LED가 손상되지 않도록 보호하는 역할과 LED의 밝기를 조정 할 수 있다. LED의 밝기는 (+)극과 (-)극으로 흐르는 전류의 양이 많으면 밝아지고 적으면 어두워진다.

저항은 전류의 흐름을 방해하는 성질이 있기 때문에 저항의 값이 커지면 LED에 흐르는 전류의 양이 작아져 LED의 밝기가 어두워진다. 앞에서 전류와 전압에 대해서 설명할 때 그림에서 저항을 연결하지 않은 것은 올바른 LED 연결 방법이 아니다. LED소자에도 최대로 감당할 수 있는 전류와 전압 값을 가지고 있기 때문에 너무 많은 전류가 흐르게 되면 LED 부품에 손상이 갈 수도 있다.

일반적으로 우리가 사용 하게 될 양쪽으로 리드선이 길게 나와 있는 저항은 4색(4 Band Register)과 5색(5 Band Register) 2가지 종류를 많이 사용한다. 저항의 부품 크기가 작기 때문에 저항에 저항의 값을 전부 표시하지 않고 4선 or 5선의 색상으로 저항 값을 표시하고 있다. Band에 따른 저항 값 읽는 방법을 알아보자.

[표] 저항 색상 표

Color	1st Digit	2nd Digit	3rd Digit	10의 승수	오차
흑색(Black)	0	0	0	*1	
갈색(Brown)	1	1	1	*10	1%
적색(Red)	2	2	2	*100	2%
오렌지색(Orange)	3	3	3	*1000(1K)	
황색(Yellow)	4	4	4	*10000(10K)	
녹색(Green)	5	5	5	*100000(100K)	0.5%
청색(Blue)	6	6	6	*1M	0.25%
자색(Violet)	7	7	7	*10M	0.1%
회색(Gray)	8	8	8	*100M	0.05%
백색(White)	9	9	9	*1000M	
금색(Gold)	N/A	N/A	N/A	N/A	5%
은색(Silver)	N/A	N/A	N/A	N/A	10%
None	N/A	N/A	N/A	N/A	

4 Band Register 읽는 법

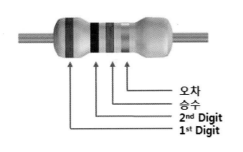

옆의 저항 값을 [저항 색상 표]를 참조해서 그대로 읽어보면 왼쪽에서부터 색깔 순서로

갈색–흑색–빨간색–은색
= 1 − 0 − *100 − 10%
= 10*100
= 10000 = 10K Ohm ±10%

[4 Band Register 예제]

아래 표의 저항들도 위의 법칙을 생각하고 읽어 보자.

	갈-오-적-금 1.3K Ohm ±5%		오-적-갈-금 320 Ohm ±5%
	갈-흑-빨-은 1K Ohm ±10%		갈-흑-오-은 10K Ohm ±10%

5 Band Register 읽는 법

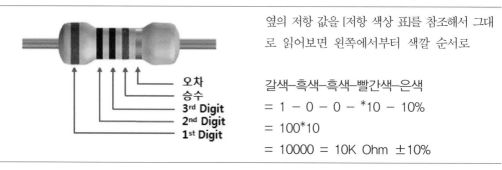

옆의 저항 값을 [저항 색상 표]를 참조해서 그대로 읽어보면 왼쪽에서부터 색깔 순서로

오차
승수
3rd Digit
2nd Digit
1st Digit

갈색-흑색-흑색-빨간색-은색
$= 1 - 0 - 0 - *10 - 10\%$
$= 100*10$
$= 10000 = 10K\ Ohm\ ±10\%$

[5 Band Register 예제]

아래 표의 저항들도 위의 법칙을 생각하고 읽어 보자.

	갈-오-흑-갈-금 1.3K Ohm ±5%		오-빨-흑-흑-금 320 Ohm ±5%
	갈-흑-흑-갈-은 1K Ohm ±10%		갈-흑-흑-빨-은 10K Ohm ±10%

2.3 LED

우리가 아두이노 실험에서 저항 다음으로 많이 사용하게 될 소자이기 때문에 LED사용 방법에 대해서 잘 익혀 두도록 하자.

LED란 Light Emitting Diode의 약자로 빛을 뿜어내는 반도체란 뜻이다. 발광다이오드의 가장 큰 특징이라고 한다면, 기존의 전기 구동 발광체에 비하여 열을 적게 발생한다는 것과 열손실로 인하여 낭비되는 에너지가 적다는 것, 반영구적인 수명을 들 수 있다.

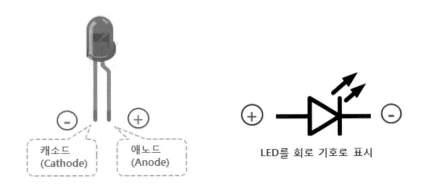

[그림 2-4] LED의 특성

LED 연결시 LED의 몰딩 안쪽을 자세히 보면 위의 그림과 같이 쇠판이 작은 것과 큰 것으로 분리가 되어 있는 것을 볼 수 있다. 일반적으로는 쇠판이 작은 쪽이 다리가 길고 Anode(애노드)라고 한다. 반드시 VCC(전원)에 연결해야 한다. 그리고 반대편 다리는 Cathode(캐소드)라고 하며 GND(그라운드)에 연결을 해야 한다. 저항과 달리 LED는 극성이 있기 때문에 반대로는 전류가 흐르지 못하기 때문에 반대로 연결을 하면 LED가 켜지지 않는다.

[그림 2-5] LED의 올바른 사용법

LED를 회로 기호로 표시를 하면 위의 그림과 같고 항상 저항과 같이 사용하여야 한다. LED마다 최대 전압과 전류가 정해져 있다. 만약에 LED를 켤 때 저항을 사용하지 않으면 LED가 허용하는 최대 전류 값을 초과하여 LED가 고장이 날 수도 있다.

2.4 브래드보드 사용법

　이전 2.2절에서 LED를 켤 때 건전지와 부품들만을 이용해서 실험을 하였다. 부품이 2~3개 정도라면 괜찮지만 연결해야할 부품의 개수가 3개 이상이 되면 연결하기가 쉽지 않다. 이때 부품들 간의 연결을 점프 케이블이라는 것을 이용해서 간편하게 연결하도록 도와주는 도구가 브래드보드이다.

　이번 절에서는 2.2절에서 LED를 구동시켰던 동일한 실험을 브래드보드를 이용해서 부품들을 삽입하여 LED를 구동시켜 보자. 먼저 브래드보드의 구조에 대해서 자세히 알아보자.

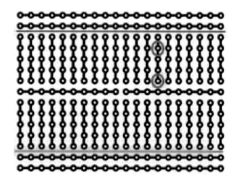 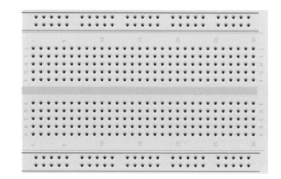

[그림 2-6]　브래드보드의 구조

　브래드보드는 부품들을 구멍에 끼우면 브래드보드 안쪽에 숨어져 있는 금속 조각으로 인하여 부품들이 연결되고, 이로써 회로를 구성하고, 실험하고, 간단하게 변경할 수 있는 실험 도구이다. 브래드보드의 구조는 위의 그림과 같이 가장 위쪽의 2줄과 아래의 2줄은 옆으로 모두 연결이 되어 있고 나머지 수직으로 나열되어 있는 5개의 홀들도 마찬가지로 5개씩 수직으로 모두 연결이 되어 있는 구조이다. 즉 위의 그림에서 파란색 원으로 되어있는 2개의 홀은 서로 연결이 되어 있다. 실제 부품들을 삽입해서 브래드보드에서 어떻게 연결이 되는지 예를 들어보자.

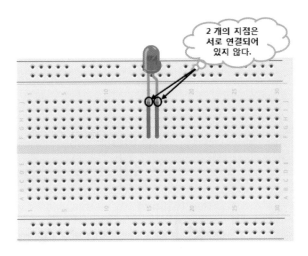

[그림 2-7] 브래드보드 구조-1

왼쪽 그림에서 붉은색 라인과 오른쪽에 있는 파란색 라인은 서로 연결이 되어 있지 않다. 하지만 세로 방향으로 붉은색 라인이 있는 5개의 홀끼리는 모두 연결이 되어 있다. 마찬가지로 붉은색 라인 옆에 있는 파란색 세로 방향의 5개의 홀끼리도 모두 연결이 되어 있다.

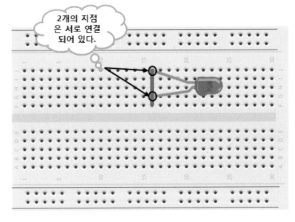

[그림 2-8] 브래드보드 구조-2

왼쪽 그림에서 붉은색 세로 방향으로 5개의 홀은 모두 연결이 되어 있다. LED의 (+)극와 (-)극이 모두 연결이 되는 이런 부품 배치는 하면 안된다. 브래드보드에서 LED 부품 연결 시 주의해야 한다.

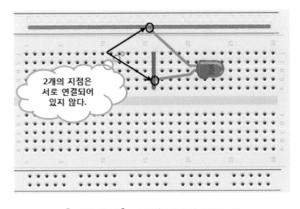

[그림 2-9] 브래드보드 구조-3

브래드보드의 가장 위쪽 가로 방향의 노란색 라인끼리는 모두 연결이 되어 있고 마찬가지로 위에서 2번째 줄의 파란색 가로 라인끼리도 모두 연결이 되어있다.

1개의 LED, 저항, 건전지를 이용해서 LED를 켜는 실습을 브래드보드를 이용해서 해보
자.

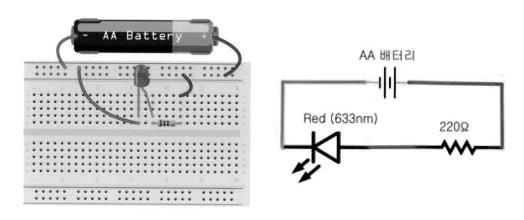

[그림 2-10] 브래드보드를 이용한 LED 구동 실습

브래드보드의 구조를 이해하기 위해서 일부러 좀 복잡하게 선을 연결해 보았다. 하지만
회로도를 보면 2.2절에서 브래드보드 없이 연결했던 LED 구동 회로와 동일하다는 것을
알 수 있다. 앞으로 진행되는 모든 실험들은 브래드보드를 이용해서 부품들은 연결해서
실습을 진행해 나갈 것이다. 어렵지 않은 내용이니 지금까지 배운 브래드보드의 구조와
저항, LED의 특성에 대해서는 확실하게 이해를 하고 넘어 가도록 하자. 이 부분을 이해하지
못한다면 이후의 실험들의 배선도와 회로도를 이해하기 힘들 것이다.

 참 고

"브레드보드"라는 이름은 점대점 구성의 초기형태에서 이름이 유래되었다. 라디오 초창기에
비전문가는 구리 선이나 단자 스트립을 나무 기판 (글자 그대로 빵을 자르는 식판)에 못박았고,
땜납 전자 부품을 연결하였다. 가끔 도면 다이어그램은 단자, 부품과 전선의 배치를 안내하는
것처럼 기판에 첫 번째로 붙였다.

- Wikipidia 참조 -

2.5 엔지니어링 공구

전자파트에서 취미로나 혹은 전문적인 일을 하는 경우에 반드시 필요한 엔지니어링 도구들이 있다. 가장 많이 사용하는 도구들을 나열해 보면 핀셋, 인두기, 납, 니퍼, 테스터기 등이 있다. 한가지 씩 그림을 보면서 생긴 모양과 용도를 알아보자.

	**핀셋** 주로 작은 부품을 잡거나 납땜을 할 경우에 핀셋을 이용하여 부품을 고정하고 납땜을 하는 용도로 사용된다. 굉장히 많이 사용되므로 1개 정도는 구비하는 것이 좋다.
	**인두기** 납을 이용하여 부품을 PCB 기판에 고정하는데 사용하거나 전선을 연결하는 경우에도 인두기를 납과 인두기를 사용한다. 이 책에서는 브레드보드를 사용하기 때문에 직접 인두기를 사용할 일은 없겠지만 전자파트에 취미가 있거나 일을 할 때 반드시 필요한 도구이다. 비싼 제품은 수십만원에 달하는 제품도 있지만 5만원 이하의 제품도 쓸 만하다. 비싼 제품일수록 일정도 온도 유지와 사용자가 설정한 온도에 도달하는 시간이 빠르다. 일반적으로는 20W 정도의 인두기를 사용하면 된다.
	**납** 인두기를 사용하여 PCB 기판에 부품을 조정할 때 사용
	**니퍼** 전선을 자르거나 피복을 벗겨낼 때 반드시 필요한 도구이다.

	**테스터기** 전압, 저항, 전류 등을 측정할 수 있다. 처음에는 별 필요성을 느끼지 못하겠지만 아두이노보드 혹은 전원에 이상이 발생한 경우에 반드시 필요한 도구이다. 엔지니어라면 1개 정도면 꼭 구비하기 바란다. 아두이노보드에 전원 LED가 켜지지 않는다면 테스터기를 이용해서 아두이노보드의 5V 전원 단자를 측정하여 5V 출력이 나오는지를 제일먼저 확인해 보아야 한다.
	**브래드보드** PCB제작을 하기 전에 브레드보드와 점프 와이어를 이용해서 Prototype을 해볼 수 있는 도구이다. 회로가 정확한지 모르는 상태에서 검증을 하지 않고 PCB제작을 하는 것은 비용만 증가하는 결과를 초래하게 된다.
	**점프 와이어** 브래드보드 사용시 아두이노 보드와 부품들을 연결하기 위해서 주로 사용하게 된다. 모든 실험에서 반드시 필요하다.
	**AA타입 배터리 2개, 홀더** 배터리를 이용한 LED켜기 실습에 필요하다.

위에서 나열한 도구들 이외에도 전문가들이 사용하는 고가의 오실로스코프, 로직분석기 등 다양한 도구들이 있지만 초본 엔지니어가 반드시 갖추고 있어야할 도구들만 나열해 보았다. 금전적인 여유가 허락 한다면 위에서 나열한 도구들은 반드시 갖추고 있는 것이 좋다.

2.6 테스터기 사용법

2.5절에서도 테스터기에 대해서 이야기 했지만 다른 도구들은 사용방법이 그리 어렵지 않지만 테스트기에는 기능이 많아서 조금 상세하게 설명 하고자 한다.

테스터기의 기능에 따라서 전압, 저항 이외에도 전류 측정도 되는 제품들이 있지만 이번 절에서는 테스터기의 기능 중에서 가장 많이 사용이 되는 전압과 저항을 측정해 보도록 하고 그리고 전선의 단락 검사를 해보자. 예전에는 아날로그 테스터기(바늘로 검사 결과 수치를 알려 준다)를 사용하였으나 최근에는 대부분이 디지털 테스터기를 사용한다.

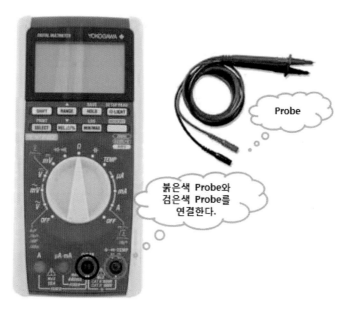

[그림 2-11] 테스터기

테스터기를 보면 중앙에 동그랗게 다이얼버튼이 있어서 측정하려고 하는 목적에 따라서 다이얼 버튼을 돌려서 측정을 하면 된다. 그리고 하단에는 검은색과 붉은색의 홀이 있는데 검은색 홀에는 검은색 Probe를, 붉은색 홀에는 붉은색 Probe를 연결하면 된다. 이제 테스터 기가 준비가 되었으니 테스터기를 이용하는 방법을 알아보자.

단락 검사를 해보자

단락 검사는 쉽게 설명하면 전선이 끊어졌는지를 검사하는 것이다. 예를 들면 LED를 켜기 위해서 아두이노보드와 브래드보드를 점프 와이어를 이용해서 연결했는데 아두이노 스케치 코드에 이상이 없는데 LED가 켜지지 않는다면 점프 와이어가 브래드보드와 아두이 노 보드사이에 정확하게 연결이 되었는지 단락 검사를 해보면 알 것이다.

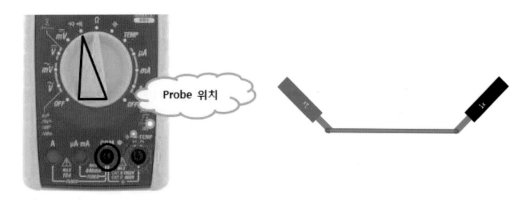

[그림 2-12] 단락 검사

위의 그림과 같이 다이얼 버튼을 위치시키고 2개의 Probe를 가지고 단락 검사를 하려는 전선의 양 끝을 접지시킨다. 만약 전선이 끊어지지 않았다면 보통은 "삐~~"하는 소리가 날것이고 전선이 끊어졌다면 아무소리도 나지 않을 것이다.

전압을 측정해 보자

아두이노 보드에서 출력되는 DC 5.0V 전압과 3.3V 전압을 측정해 보자.

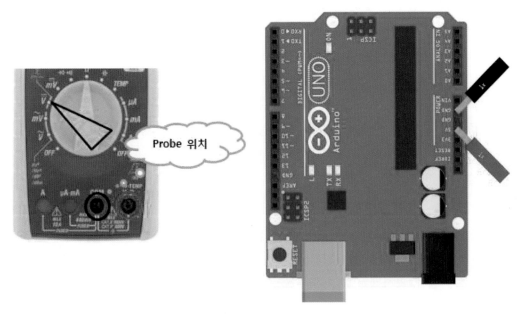

[그림 2-13] 5.0V 전압 측정

5V 전압을 측정하기 위해서 위의 그림과 같이 다이얼 버튼을 위치시키고 검은색 Probe는 반드시 GND에 접지하고 붉은색 Probe는 아두이노 보드에서 5V 출력이 나오는 포트를 접지 한다. 올바르게 Probe를 연결했다면 테스터기의 액정 화면에 5.0이라고 표시될 것이다. 여기서 액정 화면에 반드시 5.0이라고 표시되지 않을 수도 있다. 출력 전압이 5.0V보다 낮은 4.9V가 나올 수도 있고 5.2V가 나올 수도 있기 때문이다.

어쨌든 5.0V와 비슷한 전압이 측정이 되면 맞는 것이다. 당연히 전압을 측정하기 전에 아두이노 보드에는 USB를 이용하거나 DC 어댑터를 이용해서 전원을 공급하고 있어야 전압이 측정이 된다. 그렇지 않으면 0V가 측정이 될 것이다.

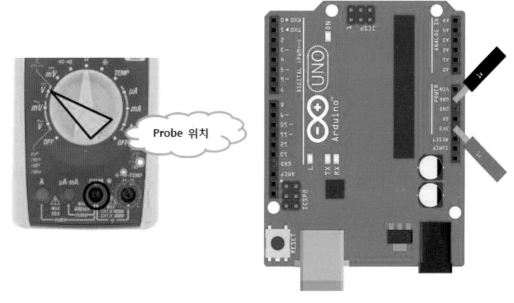

[그림 2-14] 3.3V 전압 측정

이번에는 위의 그림과 같이 붉은색 Probe를 아두이노 보드의 3V3이라고 되어 있는 포트에 접지시킨 다음 테스터기의 액정 화면을 확인해 보자. 3.3V와 유사한 값을 표시하고 있을 것이다.

저항을 측정해 보자

2.2절에서 색 띠를 이용해서 저항 값 읽는 방법을 배웠었다. 색 띠를 보고 구분할 수도 있겠지만 이번에는 테스터기로 직접 저항 값을 측정해 보자.

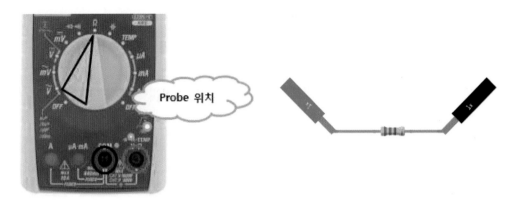

[그림 2-15] 저항 측정

저항을 측정하기 위해서 위의 그림과 같이 다이얼 버튼을 위치시키고 검은색 Probe와 붉은색 Probe를 저항의 양 끝에 접지시킨다. Probe를 접지시킬 때 저항의 방향은 고려하지 않아도 된다. 그러면 테스터기의 액정 화면에 저항값을 표시할 것이다. 전압을 측정할 때와 마찬가지로 저항에도 오차가 있기 때문에 원래의 저항값과 유사한 값을 표시해 준다.

디지털 입력과 출력

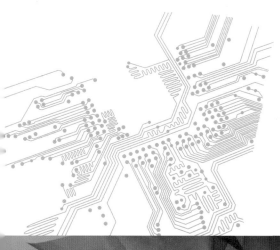

03

C/H/A/P/T/E/R

3.1 디지털 출력이란?

아두이노에서 출력은 크게 디지털 방식과 아날로그 방식으로 나눌 수 있다. 아날로그 출력은 이후의 Chapter에서 자세히 알아보기로 하고 이번에는 디지털 출력에 대해서 알아보자. 공학적인 개념에서 디지털 출력은 마이크로컨트롤러에서 외부로 데이터를 내 보내는데, 결국은 마이크로컨트롤러의 특정 핀의 전압을 HIGH 또는 LOW로 설정하는 것을 말한다.

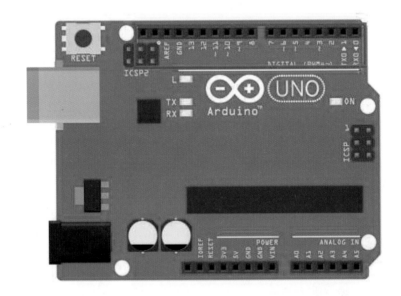

[그림 3-1] Arduino 디지털 포트

아두이노에서 디지털 출력으로 사용할 수 있는 포트는 위의 그림에서 12개 정도가 된다. 참고로 "∼"표시가 있는 포트들은 PWM(Pulse Width Modulation)기능이 있는 출력 포트들이다.

참고로 아두이노에서 모든 포트들이 PWM 기능을 갖지 못하는 이유는 PWM 기능은 CPU의 TIMER 라는 자원에서 지원을 해주고 있는데 ATMEGA CPU의 Timer에서 PWM 출력이 가능한 포트들이 제한이 있기 때문이다.

3.2　LED 깜박이기

Chapter1 에서는 아두이노 보드에 연결된 LED를 깜빡이도록 하였고 이번에는 아두이노 하드웨어 외부에 브레드보드를 이용해서 LED를 깜박이도록 해보자.

실험에 필요한 준비물들

브레드보드 1개	아두이노 UNO R3	적색 LED/1K 저항 2개

하드웨어 연결

첫 번째 단계로 2개의 적색 LED와 저항(1K)을 브레드보드에 연결한다. 브레드보드에 배선 연결 작업을 할 때는 항상 전원을 인가하지 않은 상태에서 작업을 해야 한다. 그렇지 않으면 쇼트 등의 실수로 인해서 실험 부품 혹은 아두이노 보드가 고장이 날 수도 있다. 특히 VCC(전원)과 GND(그라운드)는 절대 쇼트(접촉)가 되어서는 안 된다.

아래 그림이 배선도와 회로도이다. 아래 도면을 이해하지 못한다고 해서 걱정할 필요는 없다. 지금 회로도를 이해하지 못한다고 해도 단계별로 브레드보드를 이용해서 따라하다 보면 회로도를 읽는 요령을 습득하게 될 것이다.

회로도에서 아두이노 보드의 디지털 핀 D8, D9에 각각 LED를 연결하고 전류를 조절하는 저항을 각각의 LED에 연결한다. 회로의 전원은 컴퓨터 USB 전원에 연결해서 공급한다.

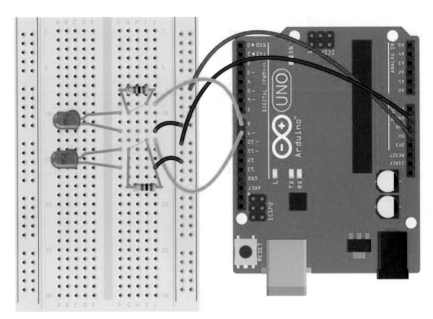

[그림 3-2] LED 깜빡이기 배선도

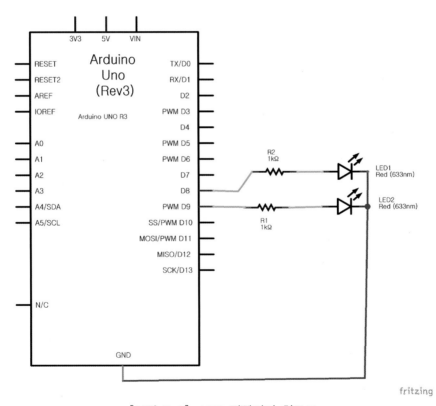

[그림 3-3] LED 깜빡이기 회로도

프로그램 작성

아두이노 스케치에 아래와 같은 코드를 작성한다.

```
int led1 = 8;
int led2 = 9;

void setup()
{
  pinMode(led1, OUTPUT);
  pinMode(led2, OUTPUT);
}

void loop()
{
  digitalWrite(led1, HIGH);
  digitalWrite(led2, HIGH);

  delay(500);

  digitalWrite(led1, LOW);
  digitalWrite(led2, LOW);

  delay(500);
}
```

int led1 = 8;
int led2 = 9;

브레드보드에 있는 LED 2개를 아두이노 보드의 디지털 출력 포트 8과 9에 연결을 했기 때문에 아두이노의 디저털 출력을 이용해서 LED를 제어하기 위해서 스케치 코드에서 변수를 선언하였다.

pinMode(led1, OUTPUT);
pinMode(led2, OUTPUT);

아두이노 보드의 8번 포트와 9번 포트를 출력으로 이용하기 위해서 OUTPUT으로 설정하였다. pinMode(led1, OUTPUT) 대신에 pinMode(8, OUTPUT) 이라고 스케치 코드를 작성해도 되지만 변수를 선언해서 코드를 작성하는 것이 훨씬 알아보기 편하고 나중에 브레드보드와 아두이노 보드와의 배선 연결이 변경이 되었을 경우, 즉 회로적으로 변경이 일어났을 경우에 스케치 코드를 수정할 때 선언된 변수에서 값만 바꾸면 되므로 수정하기가 쉽다. 그리고 아두이노 포트를 입력 혹은 출력으로 설정하는 것은 한번만 하면 되므로 loop() 함수에 위치시키지 않고 한번만 실행이 되는 setup() 함수 내에 위치 시켰다.

digitalWrite(led1, HIGH);
digitalWrite(led2, HIGH);

아두이노 보드의 8번과 9번 포트를 HIGH로 출력시키면 실제로 아두이노 보드의 8번과 9번 포트에서 출력 전압 값이 0V에서 5.0V로 바뀌게 된다. 포트에서 5V 출력이 나오게 되면 전류는 전압이 높은 아두이노 8번 포트와 9번 포트에서 전압이 낮은 GND 쪽으로 전류가 흐르면서 LED1과 LED2가 켜지게 되는 것이다.

delay(500);

LED가 켜지고 나서 끄기 전에 약간의 지연 시간이 필요하다. delay() 함수는 milisecond 단위를 시간을 지연시키는 기능을 가지고 있다. delay() 함수의 인자로 500을 넘겨 주었기 때문에 500msec 동안 delay() 함수 다음에 있는 아두이노 스케치 코드들이 실행 되지 못하고 시간이 지연되게 된다.

digitalWrite(led1, LOW);
digitalWrite(led2, LOW);

아두이노 보드의 8번과 9번 포트를 LOW로 설정하게 되는 아두이노 보드의 8번과 9번 포트에서 출력되는 전압이 5V에서 0V로 바뀌게 되어 아두이노 보드의 포트와 GND 사이에 전류가 흐르지 않게 되어 LED가 꺼지게 된다.

실행결과

컴파일을 해서 에러가 있다면 입력한 코드가 정확히 입력했는지 확인한다. 입력할 때 괄호와 세미콜론을 정확히 입력해야 한다. 코드가 에러 없이 컴파일 되면 아두이노 보드와 연결된 포트를 선택해서 코드를 업로드 한다. 아두이노 보드에 코드가 정상적으로 업로드 되면 작성한 스케치를 아두이노 하드웨어에 업로드를 하면 500msec(0.5초) 간격으로 LED2 개가 동시에 켜졌다가 꺼졌다가를 반복하게 된다. 만약 LED가 깜박이지 않으면 USB 케이블 연결을 제거하고 LED가 회로도 같이 연결 했는지 확인한다.

3.3   7 세그먼트 구동하기

3.2절에서 LED를 구동시켜 보았다. 하지만 LED의 상태는 ON과 OFF의 상태만을 표시할 수 있어서 자세한 정보를 표현하지는 못한다. 이번 절에서 실험할 7 Segment는 내부에 7개의 LED를 내장하고 있다고 생각하면 된다.

7 Segment는 7개의 LED를 가지고 LED가 표현하지 못하는 다양한 정보를 비교적 쉽게 표현 가능하다. 그래서 우리 주변의 가전제품 등에서도 많이 사용이 되고 있다. 7 Segment는 1자리로 시작하여 10자리가 넘는 부품도 많이 있지만 이번 절에서는 한 자리 7 세그먼트에 1부터 9까지 숫자를 자동으로 표시하는 실험을 해본다.

실험에 필요한 준비물들

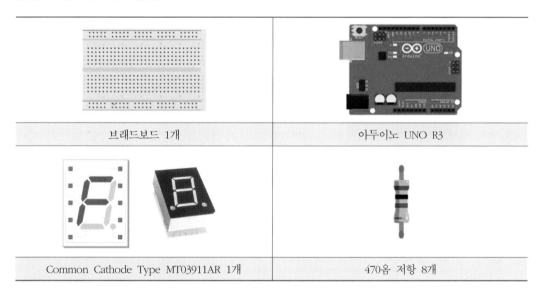

브래드보드 1개	아두이노 UNO R3
Common Cathode Type MT03911AR 1개	470옴 저항 8개

하드웨어 연결

아래 실험은 Anode(아노드) 타입의 7 세그먼트를 이용한다. 7 세그먼트는 Anode 공통형과 캐소드(Cathode) 공통 형 두 가지 형태가 있다. 그래서 회로를 연결할 때 공통 단자를 아노드 타입은 VCC에 캐소드 타입은 GND에 연결해서 사용한다.

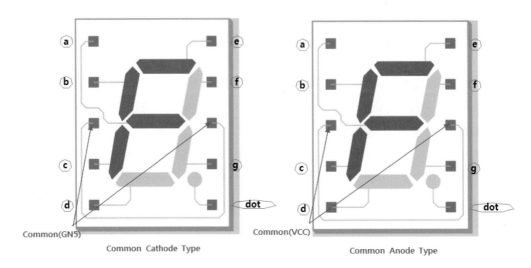

Common Cathode Type

Common(VCC)

Common Anode Type

[그림 3-4] LED 7 Segment Types

우리는 공통 캐소드 타입을 사용할 것이기 때문에 공통(Common)단자에는 GND를 연결해야 한다. 그리고 위의 그림처럼 "F"자를 만들기 위해서는 e, b, a, c 번에 연결된 아두이노 디지털 포트를 HIGH로 만들어 주면 된다.

실험에 사용된 7 세그먼트는 Cathode 타입이다. 회로에 220옴 시리얼 저항을 사용하는 이유는 7 세그먼트의 Forward Voltage 가 2V, 전류가 20mA 그리고 아두이노 보드가 3.3V 또는 5V를 사용한다. 그래서 $(5-2)/0.02=150$옴이 된다.

시리얼 저항은 5V 아두이노 보드에서는 150옴 이상 시리얼 저항을 달아주면 된다. 3.3V 아두이노 보드에서는 $(3.3-2)/0.02=65$옴 이상 저항을 사용하면 된다. 보통은 이런 복잡한 계산식 필요 없이 우리가 진행하는 실험에서 470옴 ~ 3K옴 상이의 아무 저항이나 사용해도 상관은 없다. 단지 저항의 크기에 따라서 저항의 값이 크면 전류의 흐름을 방해하는 성질이 커져서 LED가 어둡게 켜지고 저항의 값이 작으면 LED가 밝게 켜지는 차이가 나타날 것이다.

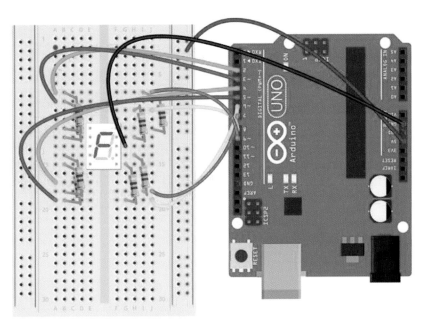

[그림 3-5] 7 Segment 배선도

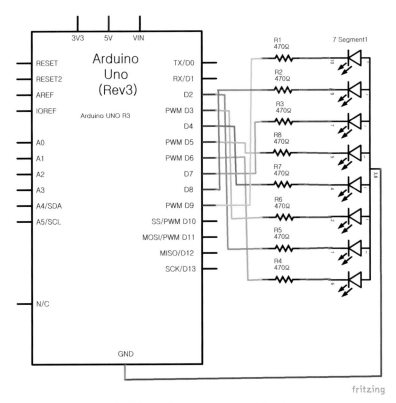

[그림 3-6] 7 Segment 회로도

프로그램 작성

아두이노 스케치에 아래와 같은 코드를 작성한다.

```
const int _a=2;
const int _b=3;
const int _c=4;
const int _d=5;
const int _e=9;
const int _f=8;
const int _g=7;
const int _dot=6;

void display_number(int n)
{

  switch(n)
  {
    case 0:
      digitalWrite(_e,HIGH);
      digitalWrite(_b,HIGH);
      digitalWrite(_c,HIGH);
      digitalWrite(_d,HIGH);
      digitalWrite(_g,HIGH);
      digitalWrite(_f,HIGH);
      digitalWrite(_a,LOW);
      digitalWrite(_dot,LOW);
      break;
    case 1:
      digitalWrite(_e,LOW);
      digitalWrite(_b,LOW);
      digitalWrite(_c,LOW);
      digitalWrite(_d,LOW);
      digitalWrite(_g,HIGH);
      digitalWrite(_f,HIGH);
      digitalWrite(_a,LOW);
      digitalWrite(_dot,LOW);
      break;
    case 2:
      digitalWrite(_e,HIGH);
```

```
    digitalWrite(_b,LOW);
    digitalWrite(_c,HIGH);
    digitalWrite(_d,HIGH);
    digitalWrite(_g,LOW);
    digitalWrite(_f,HIGH);
    digitalWrite(_a,HIGH);
    digitalWrite(_dot,LOW);
    break;
case 3:
    digitalWrite(_e,HIGH);
    digitalWrite(_b,LOW);
    digitalWrite(_c,LOW);
    digitalWrite(_d,HIGH);
    digitalWrite(_g,HIGH);
    digitalWrite(_f,HIGH);
    digitalWrite(_a,HIGH);
    digitalWrite(_dot,LOW);
    break;
case 4:
    digitalWrite(_e,LOW);
    digitalWrite(_b,HIGH);
    digitalWrite(_c,LOW);
    digitalWrite(_d,LOW);
    digitalWrite(_g,HIGH);
    digitalWrite(_f,HIGH);
    digitalWrite(_a,HIGH);
    digitalWrite(_dot,LOW);
    break;
case 5:
    digitalWrite(_e,HIGH);
    digitalWrite(_b,HIGH);
    digitalWrite(_c,LOW);
    digitalWrite(_d,HIGH);
    digitalWrite(_g,HIGH);
    digitalWrite(_f,LOW);
    digitalWrite(_a,HIGH);
    digitalWrite(_dot,LOW);
    break;
case 6:
    digitalWrite(_e,HIGH);
```

```
        digitalWrite(_b,HIGH);
        digitalWrite(_c,HIGH);
        digitalWrite(_d,HIGH);
        digitalWrite(_g,HIGH);
        digitalWrite(_f,LOW);
        digitalWrite(_a,HIGH);
        digitalWrite(_dot,LOW);
        break;
    case 7:
        digitalWrite(_e,HIGH);
        digitalWrite(_b,HIGH);
        digitalWrite(_c,LOW);
        digitalWrite(_d,LOW);
        digitalWrite(_g,HIGH);
        digitalWrite(_f,HIGH);
        digitalWrite(_a,LOW);
        digitalWrite(_dot,LOW);
        break;
    case 8:
        digitalWrite(_e,HIGH);
        digitalWrite(_b,HIGH);
        digitalWrite(_c,HIGH);
        digitalWrite(_d,HIGH);
        digitalWrite(_g,HIGH);
        digitalWrite(_f,HIGH);
        digitalWrite(_a,HIGH);
        digitalWrite(_dot,LOW);
        break;
    case 9:
        digitalWrite(_e,HIGH);
        digitalWrite(_b,HIGH);
        digitalWrite(_c,LOW);
        digitalWrite(_d,HIGH);
        digitalWrite(_g,HIGH);
        digitalWrite(_f,HIGH);
        digitalWrite(_a,HIGH);
        digitalWrite(_dot,LOW);
        break;
    case 10:
        digitalWrite(_e,LOW);
```

```
      digitalWrite(_b,LOW);
      digitalWrite(_c,LOW);
      digitalWrite(_d,LOW);
      digitalWrite(_g,LOW);
      digitalWrite(_f,LOW);
      digitalWrite(_a,LOW);
      digitalWrite(_dot,HIGH);
      break;
    }
}

void setup()
{
  pinMode(_a,OUTPUT);
  pinMode(_b,OUTPUT);
  pinMode(_c,OUTPUT);
  pinMode(_d,OUTPUT);
  pinMode(_e,OUTPUT);
  pinMode(_f,OUTPUT);
  pinMode(_g,OUTPUT);
  pinMode(_dot,OUTPUT);
};

void loop()
{
  int i;

  for(i=0;i<11;i++)
  {
    display_number(i);
    delay(1000);
  }
}
```

전체적인 스케치 코드의 흐름은 7 세그먼트의 각 핀의 이름 변수를 아두이노 보드에 연결된 핀으로 선언한다. void setup() 함수에서 7 세그먼트에 연결된 핀들을 OUTPUT 모드로 선언하고 void loop() 함수에서 display_number() 함수를 호출해 7 세그먼트에 숫자를 표시한다.

```
const int _a=2;
const int _b=3;
```

앞 절에서의 LED 켜기를 할 때와 마찬가지로 7 Segment와 연결된 아두이노 보드의 디지털 출력 포트를 변수를 선언하였다. 약간의 차이가 있다면 int 변수 선언 앞에 "const"라는 예약어를 사용하였는데, 변수 선언을 할 때 데이터 타입(int) 앞에 "const"라는 예약을 붙여주면 이 변수는 스케치코드에서 값을 수정하지 못하도록 제한하는 기능을 하게 된다. 스케치코드에서 이 변수를 수정하지 않는다면 "const"라는 예약어는 붙이지 않아도 실행 결과는 동일하다. _a=2라고 선언한 이유는 7 Segment 부품의 왼쪽 첫 번째 리드선이 아두이노 보드의 디지털 출력 포트 2번과 배선 연결을 했기 때문이다. 나머지 변수들도 마찬가지이다. 앞의 배선도 그림을 확인해 보기 바란다.

```
for(i=0;i<11;i++)
{
  display_number(i);
  delay(1000);
}
```

"i"라는 변수가 0부터 11보다 작을 때까지 증가하면서 반복해서 delay(1000) 함수에 의해서 1초 단위로 지연을 하면서 display_number(i) 함수를 호출하여 7 Segment 에 0~9까지 그리고 "." 표시를 반복해서 출력을 하게 된다.

실행결과

1초 간격으로 0~9까지의 숫자가 표시되고 마지막에 Dot(점)이 표시가 되기를 반복하면 정상적으로 실행이 완료된 것이다.

연결 배선과 코드 입력에 이상이 없는데도 7 Segment에 숫자 표시가 올바르게 표시되지 않는다면 저항 연결 시 다리가 서로 Short(접촉)되지 않았는지를 확인해 본다. 필자도 처음에 실험을 진행할 때 동작이 잘되지 않고 7 Segment의 특정 LED가 켜지지 않아서 숫자가 제대로 표시되지 않는 현상이 발생하여 배선 연결과 스케치코드만 계속해서 검토하다가 결국은 7 Segment 부품 자체에 불량이 발생한줄 알고 부품까지도 교환해 보았지만 원인은 브레드보드에 7 Segment의 리드선과 연결된 저항 들 끼리의 Short에 의해서 발생한 사실을 거의 2시간 이상을 흔히 이야기하는 삽질 이후에 알아 차렸다.

3.4 버튼을 이용하여 스케치 없이 LED 제어하기

3.2절에서 실험했던 LED 동작을 이번에는 버튼을 이용해서 제어해 보자. 2개의 LED와 2개의 푸시 버튼을 브래드보드에 연결하고 첫 번째 버튼을 누르고 있으면 파란색 LED가 켜지고 버튼을 떼면 파란색 LED가 꺼지는 것이다. 2번째 버튼도 노란색 LED에 대해서 마찬가지로 동작하도록 한다.

이번 실험에서는 아두이노 개발환경에서 별도의 스케치 작업이 필요하지 않고, 순전히 회로적으로 동작하는 실험이다.

실험에 필요한 준비물들

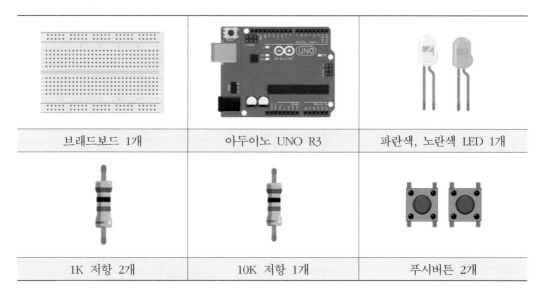

브래드보드 1개	아두이노 UNO R3	파란색, 노란색 LED 1개
1K 저항 2개	10K 저항 1개	푸시버튼 2개

하드웨어 연결

아두이노 보드에서 USB 케이블을 제거하고, 브래드보드에 2개의 푸시 버튼과 저항 LED 들을 연결한다.

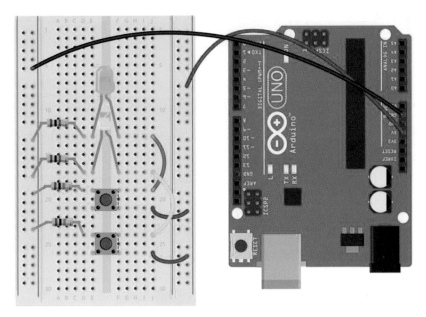

[그림 3-7] 버튼을 이용한 LED 제어 배선도

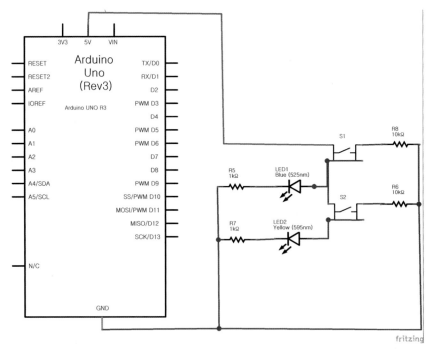

[그림 3-8] 버튼을 이용한 LED 제어 회로도

푸시버튼의 가로방향의 다리는 서로 연결이 되어 있는 구조이고 버튼을 누르지 않았을 때 세로 방향의 2개의 다리가 떨어져 있다가 즉, LED의 Anode가 GND에 연결되어 있다가 버튼을 누르면 세로 방향의 2개의 다리가 서로 연결이 되면서 LED의 Anode 쪽으로 VCC(전원)이 연결이 되면 LED의 Anode에서 Cathode 방향으로 전류가 흐르면서 LED가 켜지게 된다. 그리고 푸시 버튼의 다리에 직접 연결된 2개의 저항에 대해서는 다음 장에서 따로 설명하도록 한다. 여기서는 그냥 풀다운 저항이라는 용어만 알아두도록 하자.

3.5　버튼을 이용하여 LED 제어하기

　3.4절에서 실험했던 LED 동작을 이번에는 아두이노에서 버튼이 눌린 것을 디지털 입력으로 받아서 디지털 출력으로 LED를 제어해 보자. 동작하는 방식은 이전 절에서 동작했던 것과 동일하게 한다.

실험에 필요한 준비물들

　3.4절과 동일하다.

하드웨어 연결

　브레드보드에 2개의 푸시 버튼과 저항 LED들을 연결한다. 하지만 이번에는 푸시 버튼의 한쪽 다리를 아두이노보드의 12번과 13번에 연결하고 LED의 Anode를 아두이노 보드의 6번과 7번에 각각 연결한다.

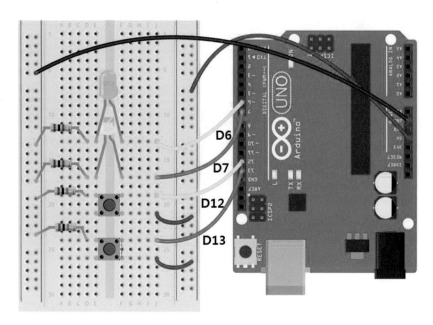

[그림 3-9] 버튼을 이용한 LED 제어 배선도

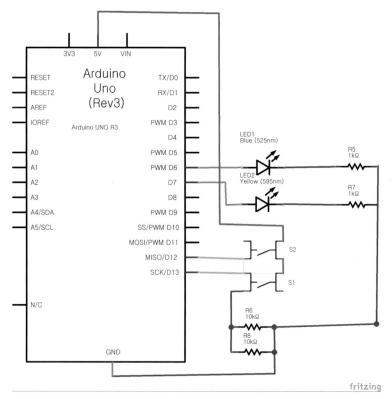

[그림 3-10] 버튼을 이용한 LED 제어 회로도

위의 그림에서 첫 번째 푸시 버튼을 누르면 5V전원이 아두이노의 13번 포트에 연결이 되어 아두이노 스케치에서 13번 포트를 읽으면 HIGH(5V)가 읽혀질 것이고 버튼을 누르지 않으면 버튼의 다리와 GND에 직렬로 10K옴 저항에 의해서 LOW가 읽혀지게 된다. 이런 저항을 Pulldown(풀다운) 저항이라고 한다. 이런 풀다운 저항이 없다면 버튼을 누르지 않았을 경우에 아두이노 스케치에서 HIGH가 읽혀질지 LOW가 읽혀지지 확실히 장담을 할 수가 없다. 여기서 풀다운 저항의 역할은 버튼을 누르지 않았을 경우에 아두이노보드의 13번 포트가 항상 LOW를 유지하도록 하는 역할을 해준다.

프로그램 작성

```
int led1 = 7;
int led2 = 6;

int key1 = 13;
int key2 = 12;

void setup()
{
  pinMode(led1, OUTPUT);
  pinMode(led2, OUTPUT);

  pinMode(key1, INPUT);
  pinMode(key2, INPUT);
}

void loop()
{
  if( digitalRead(key1) == HIGH )
    digitalWrite(led1, HIGH);
  else
    digitalWrite(led1, LOW);

  if( digitalRead(key2) == HIGH )
    digitalWrite(led2, HIGH);
  else
    digitalWrite(led2, LOW);

  delay(100);
}
```

```
int led1 = 7;
int led2 = 6;
```

LED들과 연결된 아두이노 보드의 디지털 출력 포트 선언

```
int key1 = 13;
int key2 = 12;
```

푸시 버튼들과 연결된 아두이노 보드의 디지털 입력 포트 선언

```
pinMode(key1, INPUT);
pinMode(key2, INPUT);
```

LED를 제어하기 위해서는 아두이노 보드의 디지털 포트를 OUTPUT으로 설정해야 하지만 푸시 버튼의 눌림 상태를 알기 위해서는 INPUT으로 설정하여 디지털 입력으로 해야 한다.

```
if( digitalRead(key1) == HIGH )
   digitalWrite(led1, HIGH);
else
   digitalWrite(led1, LOW);
```

digitalWrite() 함수와는 반대로 아두이노 보드의 포트가 INPUT으로 설정된 포트를 읽어 오는 함수이다. 아두이노 보드의 포트가 약 2V ~ 5V 사이이면 HIGH이 읽어지고 그렇지 않으면 LOW로 읽어진다.

실행결과

지금까지 디지털 출력 함수인 digitalWrite()를 사용하여 LED를 ON/OFF 하는 것까지는 실습을 해보았다.

이번에는 버튼 입력을 감지하기 위해서는 디지털 입력 함수인 digitalRead()를 사용하였다. digitalRead() 함수의 인자로 아두이노보드의 디지털 포트번호를 넘겨주면 아두이노보드의 디지털포트를 읽어서 LOW or HIGH 중에 하나의 값을 넘겨준다.

이번 실습에서는 버튼을 누르지 않았을 경우에는 LOW가 읽어질 것이고 버튼을 누르면 HIGH가 읽혀질 것이다.

3.5절에서 실험했던 버튼을 누르고 있는 동안 계속해서 LED를 켜고 버튼을 누른 것을 떼었을 때 LED를 꺼지도록 LED를 제어하는 것은 약간 어색하다.

우리 실 생활에서 일반적인 버튼의 동작은 버튼을 한번 누르면 LED가 켜지고 다시 한 번 버튼을 누르면 LED가 꺼지도록 하는 것이 좀 더 자연스럽다. 3.5절에서 작성했던 스케치를 약간 수정해서 이렇게 동작시켜 보도록 하자.

실험에 필요한 준비물들

3.5절과 동일하다.

하드웨어 연결

3.5절과 동일하다

프로그램 작성

```
int led1 = 7;
int led2 = 6;

int key1 = 13;
int key2 = 12;

int key1_status = LOW; // KEY1 상태
int key2_status = LOW; // KEY2 상태

void setup()
{
  pinMode(led1, OUTPUT);
  pinMode(led2, OUTPUT);

  pinMode(key1, INPUT);
  pinMode(key2, INPUT);

  digitalWrite(led1, LOW);
```

```
    digitalWrite(led2, LOW);
}

void loop()
{
  if( digitalRead(key1) == HIGH && key1_status == LOW)
  {
    digitalWrite(led1, HIGH);
    key1_status = HIGH;
  }
  else if( key1_status == HIGH )
  {
    digitalWrite(led1, LOW);
    key1_status = LOW;
  }

  if( digitalRead(key2) == HIGH && key2_status == LOW)
  {
    digitalWrite(led2, HIGH);
    key2_status = HIGH;
  }
  else if( key2_status == HIGH )
  {
    digitalWrite(led2, LOW);
    key2_status = LOW;
  }

  delay(100);
}
```

int key1_status = LOW; // KEY1 상태
int key2_status = LOW; // KEY2 상태

LED가 꺼져 있는 상태에서 버튼을 누르면 켜고 LED가 켜져 있는 상태에서 버튼을 누르면 끄기 위해서 상태 저장을 위해서 필요하다. 초기에는 LED가 꺼져 있는 상태로 시작이 되기 때문에 LOW로 초기화 하였다. 변수 이름에 key1, key2가 들어가서 조금 혼란스러울 수가 있는데 key1_status가 결국은 LED1의 상태를 저장하는 것이다.

```
if( digitalRead(key1) == HIGH && key1_status == LOW)
{
   digitalWrite(led1, HIGH);
   key1_status = HIGH;
}
```

푸시 버튼1이 눌려지고 현재 LED1이 꺼져 있으면 LED1을 켜고 LED1의 상태를 HIGH로 변경한다.

```
else if( key1_status == HIGH )
{
   digitalWrite(led1, LOW);
   key1_status = LOW;
}
```

반대로 푸시 버튼1이 눌려지고 LED1이 켜져 있으면 LED1을 끄고 상태를 LOW로 변경한다. if 문장에서 key1_status == HIGH를 비교하는 문장이 생략되었지만 결과는 동일하다.

실행결과

버튼1을 한 번 누르면 LED1이 켜지고 다시 한 번 버튼을 누르면 LED1이 꺼진다. 버튼2와 LED2에 대해서도 동일하게 동작한다.

3.7 부저(Buzzer) 울리기

제어하는 방법은 굉장히 단순하지만 우리의 일상생활에서 부저는 굉장히 광범위하게 사용되고 있다. TV, 세탁기, 에어컨 등에서 Alarm음으로 사용되기도 하고 도난 경보기, 디지털 도어 록 등에도 사용되고 있다. 디지털 출력을 이용해서 간단한 연주를 할 수도 있겠지만 이번 절에서는 단순히 부저를 제어해서 켜거나 끄는 동작을 해보자. 부저 음의 주파수를 조정하여 연주를 하는 방법은 "Chapter 5. 아날로그 입력과 출력"에서 다룰 것이다.

실험에 필요한 준비물들

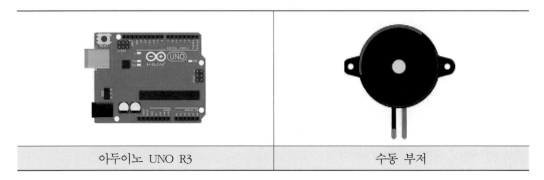

아두이노 UNO R3	수동 부저

하드웨어 연결

부저를 보면 2개의 리드선이 나와 있는데 아래 그림에서 짧은 선이 검은 색으로 아두이노 보드의 GND와 연결을 하고 긴 선이 붉은 색으로 아두이노 보드의 5V 출력 포트에 연결을 한다.

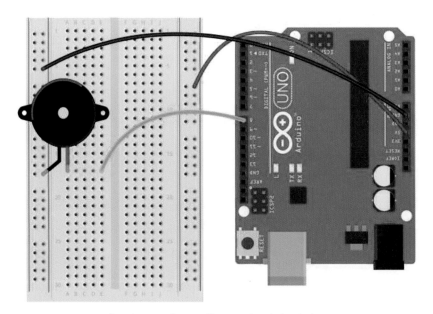

[그림 3-11] 부저(Buzzer) 제어 배선도

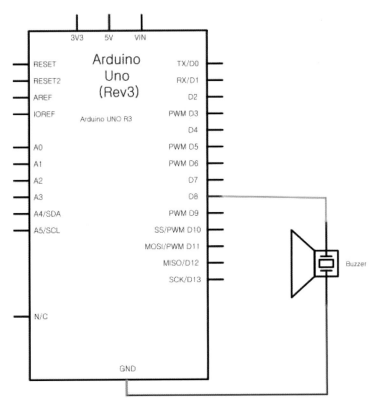

[그림 3-12] 부저(Buzzer) 제어 회로도

위의 그림에서 아두이노 보드의 디지털 출력 8번 포트를 HIGH로 설정하면 부저가 울리고 LOW로 설정하면 부저가 울리지 않게 된다.

프로그램 작성

```
int buzzer = 8;

void setup()
{
  pinMode(buzzer, OUTPUT);
}

void loop()
{
  digitalWrite(buzzer, HIGH);  // Buzzer on
```

```
    delay(1000);

    digitalWrite(buzzer, LOW); // Buzzer off
    delay(1000);
}
```

int buzzer = 8;

> 부저와 연결된 아두이노 보드의 포트 번호

pinMode(buzzer, OUTPUT);

> 부저음을 울리기 위해서 포트를 OUTPUT으로 설정

digitalWrite(buzzer, HIGH); // Buzzer on
delay(1000);

> 부저를 켜고 1초를 대기한다.

digitalWrite(buzzer, LOW); // Buzzer off
delay(1000);

> 부저를 끄고 1초를 대기한다.

실행결과

1초 동안 부저가 울리고 부저가 꺼졌다가 다시 1초 후에 부저가 울리기를 반복한다. 이번 실험에서는 단순히 부저를 울리게 하거나 꺼지게 하는 실험을 해보았지만 이 후의 Chapter에서는 약간의 연주를 해보는 실험을 진행할 것이다.

시리얼(RS232) 통신

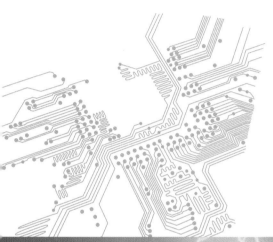

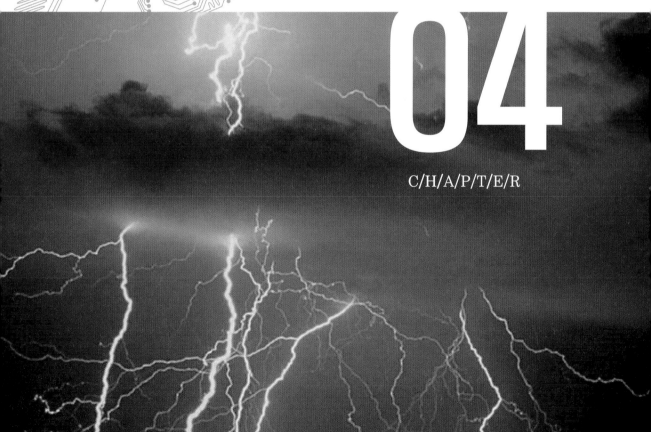

04

C/H/A/P/T/E/R

4.1 시리얼(RS232) 통신 소개

RS232 통신은 주로 IBM 호환 PC에서 쓰이는 시리얼 통신방법이다. 예전에는 주로 모뎀 연결에 RS232통신을 많이 사용하였지만 요즈음에는 컴퓨터를 센서 또는 계측기 컨트롤 등 여러 용도로 RS232를 사용하고 있다. RS232 통신은 최장 15m 정도까지 통신 가능하므로 15m 이상이 되는 거리에서는 RS232 통신이 불가능하다.

Desktop PC은 아직도 RS232 통신포트를 가지고 있는 PC들이 많이 있지만 최근의 노트북 PC들은 두께, 무게 등을 줄이기 위해서 RS232 포트를 없애고 있는 추세이다. 아두이노는 보드에서 기본으로 제공하는 USB포트를 이용해서 PC 혹은 다른 장비, 다른 아두이노 보드와 RS232 통신을 할 수 있다.

아두이노를 PC의 USB장치와 연결을 하게 되면 아래 그림과 같이 장치관리자에 가상 COM 포트가 만들어지기 때문에 가능한 것이다.

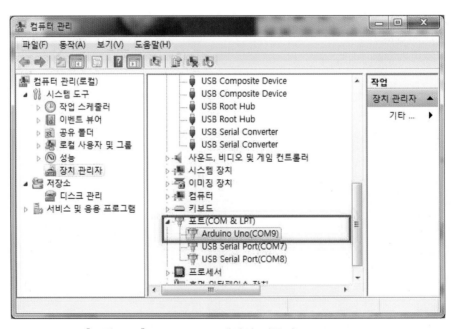

[그림 4-1] Windows 7에서의 아두이노 COM 포트

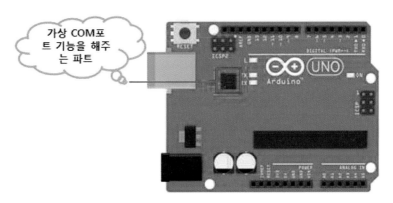

[그림 4-2] 아두이노 UNO R3의 가상 COM 포트 기능

앞에서도 한번 설명했지만 장치관리자를 실행하는 방법이다.

참 고

Windows 환경에서 장치관리자를 실행하는 방법은 실행메뉴(Windows+R)에서 devmgmt.msc를
입력한 후 Enter를 누르면 된다.

PC에 가상 COM포트가 올라오도록 하기 위해서는 아래 그림과 같이 USB 케이블을
이용해서 PC와 연결을 해야 한다. 물론 연결만 해서 끝나는 것은 아니고 아두이노 USB
장치 드라이버도 설치를 해야 한다. USB 드라이버 설치에 관한 내용은 Chapter1에서 자세
히 설명을 하였으니 참조하기 바란다.

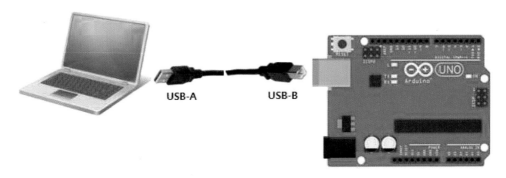

USB-A   USB-B

[그림 4-3] Arduino UNO R3와 PC의 USB 연결

4.2   PC와 시리얼(RS232) 통신하기

아두이노 보드에서 USB 케이블로 연결을 하고 RS232 통신으로 데이터를 주고받는 실습을 해볼 것이다.

PC와 통신을 하려면 PC에 터미널 프로그램이 있어야 하는데 아두이노 개발환경에는 이미 PC와 통신을 하기 위한 터미널 프로그램이 갖추어져 있다. 자세한 사항은 이번 절의 "실행결과" 확인할 때 알아보도록 하자.

아두이노에서는 RS232통신으로 데이터가 오기를 기다리고 있다가 데이터가 도착을 하면 도착한 데이터를 곧바로 PC로 재전송하는 실험을 해보자. 여기서 아두이노 입장에서 생각해 보면 PC에서 데이터가 도착하는 것을 RX데이터라고 하고, 아두이노 보드에서 PC로 데이터를 전송하는 것을 TX 데이터라고 한다.

실험에 필요한 준비물들

이번 실험에서는 별다른 준비물은 필요하지 않다. 아두이노 보드와 PC가 USB 장치로 올바르게 연결만 되어 있으면 된다.

하드웨어 연결

하드웨어 연결은 필요하지 않다. 아두이노 보드와 PC를 USB 장치로 연결한 다음 장치관리자에 가상 COM 포트가 제대로 올라왔다면 이상 없이 연결이 된 것이다.

프로그램 작성

```
void setup()
{
  Serial.begin(9600);
}

void loop()
{
  char read_data;

  if (Serial.available())
```

```
  {
    read_data = Serial.read();
    Serial.print(read_data);
  }


  delay(10);
}
```

Serial.begin(9600);

setup() 함수에서 Serial.begin() 함수를 호출하였다. 이 함수의 역할은 아두이노보드가 RS232 통신을 할 수 있도록 통신 설정을 초기화하는 역할을 한다. 괄호안의 9600이라는 숫자는 통신 속도를 나타내는 것이다. 9600은 9600bps(Bit Per Seconds)로 초당 9600bit 의 데이터를 송신할 수 있는 것이다. 이번 예제에서는 9600bps로 통신을 하였지만 이외에도 많이 사용하는 통신 속도로 38400bps, 115200bps 등도 많이 사용이 된다. 당연히 숫자가 클수록 통신 속도가 빠르다. 만약 9600 이외의 다른 통신 속도로 설정하였다면 아두이노 시리얼 모니터 프로그램에서도 통신 속도를 동일하게 설정을 해야 한다. 아두이노 개발환경 에서 시리얼 모니터를 실행하는 방법은 이 Chapter의 실행결과 부분을 참조하면 된다.

Serial.available();

이 함수는 수신된 시리얼 데이터의 개수를 반환하는 역할을 한다. 즉 함수의 반환 값이 0보다 크다면 뭔가 시리얼 데이터가 수신이 되었다는 것이다.

Serial.read();

수신된 시리얼 데이터 1바이트를 읽어(Rx) 온다. 스케치에서 read_data = Serial.read()라고 작성을 하면 수신된 시리얼 데이터 1바이트를 read_data 변수에 저장하라는 의미이다.

Serial.print(read_data);

이 함수는 read_data라는 byte 데이터를 시리얼로 전송(Tx)을 하는 함수이다.

실행결과

아두이노 개발환경에서 아래 그림과 같은 아두이노 시리얼 모니터 아이콘을 클릭한다.

그러면 아두이노 개발환경의 시리얼 모니터 프로그램이 실행이 된다. 시리얼 모니터 화면의 "Send" 버튼의 왼쪽 입력박스에서 PC의 키보드를 이용해서 아무 문자나 입력을 하고 "Send" 버튼을 눌러보자. 입력한 문자가 그대로 시리얼 모니터 창에 표시가 된다면 올바르게 실행이 완료된 것이다. 아래 그림처럼 "Send" 입력 박스에 "Hello Arduino."라고 입력한다. 그리고 반드시 "9600 baud"를 선택해야 한다. 통신 속도를 다르게 설정하면 통신이 되더라고 올바르지 않은 데이터들이 송수신 된다.

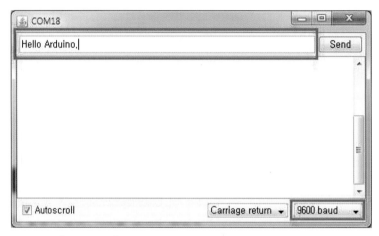

[그림 4-4] 아두이노 시리얼 통신 실행 결과 창

"Send"창에 "Hello Arduino"라고 입력한 이후에 "Send" 버튼을 누른다.

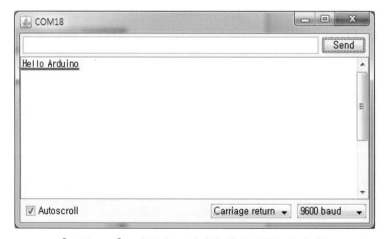

[그림 4-5] 아두이노 시리얼 통신 실행 결과 창

4.3 시리얼(RS232) 통신으로 LED 제어하기

    시리얼 통신을 이용해서 PC(아두이노 시리얼 모니터)에서 아두이노에 연결된 2개의 LED On/Off 상태를 표시하고 시리얼 모니터에서 "1"을 입력하면 첫 번째 LED가 켜져 있으면 끄고 꺼져 있으면 켜는 실습을 해보도록 하자. 두 번째 LED도 첫 번째 LED와 마찬가지로 "2"를 입력하면 동일하게 동작하도록 한다.

    이번 예제는 "3.6 버튼을 이용하여 LED 상태제어하기"의 2번째 예제와 유사하다. 단지 LED 상태 제어를 버튼이 아닌 시리얼 통신의 입력으로 제어한다는 차이만 있다.

실험에 필요한 준비물들

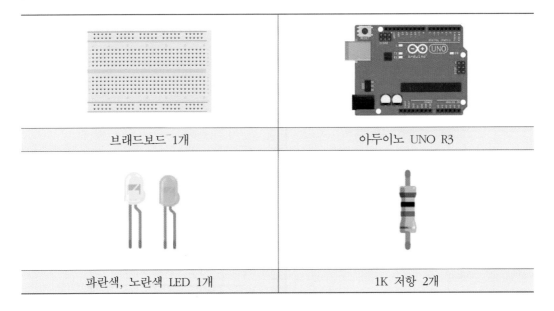

브레드보드 1개	아두이노 UNO R3
파란색, 노란색 LED 1개	1K 저항 2개

하드웨어 연결

    아래 LED제어 배선도의 그림을 참조하여 브레드보드에 저항과 LED들을 연결한다.

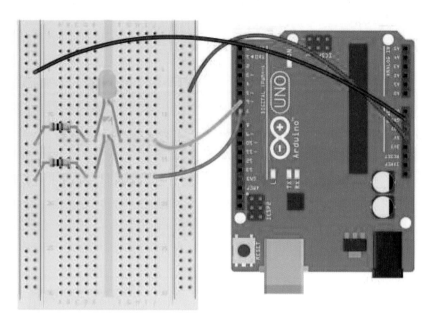

[그림 4-6] 시리얼 통신으로 LED 제어하기 배선도

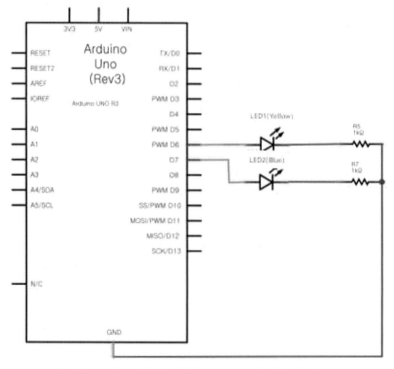

[그림 4-7] 시리얼 통신으로 LED 제어하기 회로도

프로그램 작성

```
int led1 = 7;
int led2 = 6;

int led1_status = LOW; // LED1 상태
int led2_status = LOW; // LED2 상태

void setup()
{
  pinMode(led1, OUTPUT);
  pinMode(led2, OUTPUT);

  digitalWrite(led1, LOW);
  digitalWrite(led2, LOW);

  Serial.begin(9600);
}

void loop()
{
  char read_data;

  if (Serial.available())
  {
    read_data = Serial.read();

    if( read_data == '1' && led1_status == LOW)
    {
      digitalWrite(led1, HIGH);
      led1_status = HIGH;
      Serial.println("LED1 ON");
    }
    else if( read_data == '1' && led1_status == HIGH )
    {
      digitalWrite(led1, LOW);
      led1_status = LOW;
      Serial.println("LED1 OFF");
    }
    if( read_data == '2' && led2_status == LOW)
```

```
    {
        digitalWrite(led2, HIGH);
        led2_status = HIGH;
        Serial.println("LED2 ON");
    }
    else if( read_data == '2' && led2_status == HIGH )
    {
        digitalWrite(led2, LOW);
        led2_status = LOW;
        Serial.println("LED1 OFF");
    }
    }
    delay(10);
}
```

int led1 = 7;
int led2 = 6;

브레드보드에 있는 LED와 연결된 아두이노보드의 포트 번호이다.

int led1_status = LOW; // LED1 상태
int led2_status = LOW; // LED2 상태

LED1과 LED2를 시리얼 통신 입력으로 들어오는 데이터 "1" or "2"에 따라서 ON과 OFF의
상태를 유지시켜주기 위한 상태 변수이다.

pinMode(led1, OUTPUT);
pinMode(led2, OUTPUT);

LED1과 LED2를 제어하기 위해서 아두이노 포트를 OUTPUT으로 초기화 한다.

digitalWrite(led1, LOW);
digitalWrite(led2, LOW);

초기에 LED1과 LED2를 꺼진 상태에서 실행하기 위해서 LOW 값으로 Write 하였다.

Serial.begin(9600);

통신 속도를 9600bps로 초기화한다.

Serial.available()

이 함수는 수신된 시리얼 데이터의 개수를 반환하는 역할을 한다. 즉 함수의 반환 값이 0보다 크다면 뭔가 시리얼 데이터가 수신이 되었다는 것이다.

Serial.read()

수신된 시리얼 데이터 1바이트를 읽어(Rx) 온다. 스케치에서 read_data = Serial.read()라고 작성을 하면 수신된 시리얼 데이터 1바이트를 read_data 변수에 저장하라는 의미이다.

if(read_data == '1' && led1_status == LOW)
{
  digitalWrite(led1, HIGH); // LED1을 켠다.
  led1_status = HIGH; // LED1의 상태를 켜짐 상태로 저장 한다.
  Serial.println("LED1 ON");
}

수신된 데이터가 '1'이고 현재 LED1의 상태가 꺼져 있으면 LED1을 켜야 한다. 그리고 Serial.println("LED1 ON") 라는 함수가 등장하였는데, Serial.print() 함수와의 차이점은 시리얼 포트로 문자열을 출력하고 이후에 줄 바꿈 문자("CRLF")를 자동으로 출력하는 기능이 있는 함수이다. 아두이노 시리얼 모니터에서 줄을 바꾸어서 출력을 하기 위해서는 Serial.println() 함수를 사용하면 된다.

else if(read_data == '1' && led1_status == HIGH)
{
  digitalWrite(led1, LOW); // LED1을 끈다.
  led1_status = LOW; // LED1의 상태를 꺼짐 상태로 저장한다.
  Serial.println("LED1 OFF");
}

수신된 데이터가 '1'이고 현재 LED1의 상태가 이미 켜져 있으면 LED1을 꺼야 한다.

실행결과

아두이노 개발환경에서 아래 그림과 같은 아두이노 시리얼 모니터 아이콘을 클릭한다.

그러면 아두이노 개발환경의 시리얼 모니터 프로그램이 실행이 된다. 시리얼 모니터 화면의 "Send" 버튼의 왼쪽 입력박스에서 PC의 키보드를 이용해서 "1"과 "2"를 눌러서 브래드보드에 있는 LED의 상태가 바뀌는지를 테스트해보자.

[그림 4-8] 시리얼 통신으로 LED 제어하기 실행 결과 창

아날로그 입력과 출력

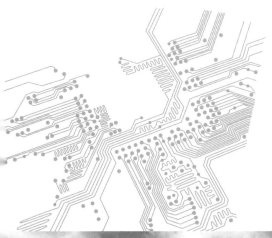

05

C/H/A/P/T/E/R

Chapter 3에서는 디지털 입력과 출력에 대해서 살펴보았다. 이번 Chapter에서는 아날로그 입력과 출력에 대해서 직접 실험을 통해서 공부해 보자.

이전 Chapter에서는 단순히 ON, OFF 2개의 상태만 갖도록 제어를 했다면 아두이노 보드의 PWM 출력 포트를 이용하면 부저와 LED를 좀 더 멋지게 제어할 수 있다. 아두이노의 아날로그 입력과 출력을 이용하면 0~1023 즉 1024단계로 세밀하게 제어할 수 있다. 아날로그 출력은 PWM 기능을 이용한다면 아날로그 입력은 전문적인 용어를 사용한다면 ADC 기능을 이용하는 것이다. 자세한 사항은 실제 실험에서 다시 설명하도록 한다.

5.1 펄스(PWM)로 LED 밝기 조절하기

"3.2 LED 깜빡이기"에서는 아두이노 보드에 연결된 LED를 단순히 켜졌다 꺼졌다를 반복하게 하여 깜빡이도록 하였지만 이번에는 PWM(Pulse Width Modulation)기능을 이용하여 LED의 밝기를 조절해 보자.

PWM은 펄스 폭 변조라는 말로 펄스폭을 조절해서 전류를 조정한다는 의미이다. 이 기능을 잘 이용하면 이용가능한 분야가 굉장히 많다. 스마트 폰에서조도 센서를 이용해서 주변 밝기에 따라서 LCD의 백라이트를 PWM으로 조정하여 전원을 절약하는 기능을 가지고 있고 집안에 있는 간단한 무드 등을 제어하는 경우에도 이용할 수가 있다.

아두이노 보드에서는 3, 5, 6, 9, 10, 11번 핀을 analogWrite(0~255)라는 함수를 이용해서 PWM 출력으로 사용할 수가 있다. 아두이노 하드웨어의 실크 인쇄된 부분의 출력 핀에 "~"모양으로 일반 디지털 I/O 핀과 구분을 하고 있다.

다음 그림의 아두이노 보드에서 붉은색 네모 박스 안에 위치한 포트들이 PWM 출력 기능을 가지는 포트들이다.

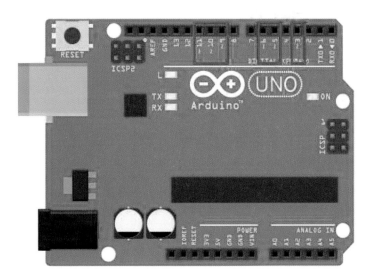

[그림 5-1] 아두이노의 PWM 출력 포트

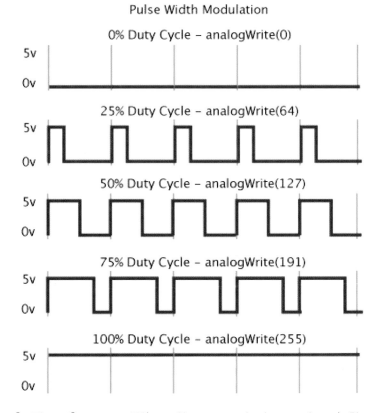

[그림 5-2] PWM 파형(http://arduino.cc/en/Tutorial/PWM) 참조

아두이노에서는 analogWrite() 함수를 이용해서 0~255 사이의 값을 아두이노 보드의 PWM출력 포트로 출력을 시킬 수 있다.

위의 그림을 보면 analogWrite() 함수에서 0, 64, 127, 191, 255 순으로 출력을 하였을 경우에 출력되는 실제 파형을 오실로스코프 장비를 이용해서 출력한 모양이다. 중간 값 127을 사용하면 LOW, HIGH 의 구간이 동일한 비율을 가지는 펄스를 출력하고 64를 사용하면 HIGH인 구간이 25%, LOW 구간이 75%를 차지하는 펄스를 출력한다. analogWrite(255)를 사용하면 일반 디지털 I/O에서 HIGH를 준 것과 동일하다. LED 제어를 할 때 일반 디지털 I/O에서 ON과 OFF로만 제어할 수 있었지만 PWM 기능을 이용하면 Duty Cycle에 의해서 LED를 밝기를 조정할 수 있다.

실험에 필요한 준비물들

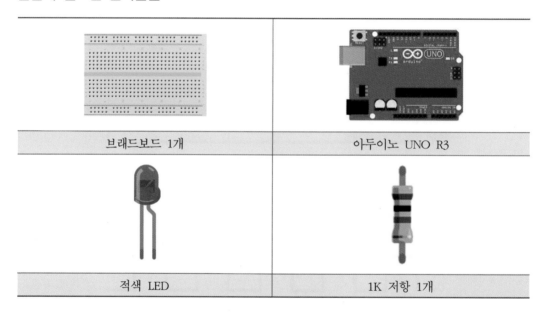

브래드보드 1개	아두이노 UNO R3
적색 LED	1K 저항 1개

하드웨어 연결

아래 도면을 참조해서 LED와 저항을 아두이노 보드의 PWM출력 기능이 있는 D9 포트에 연결한다.

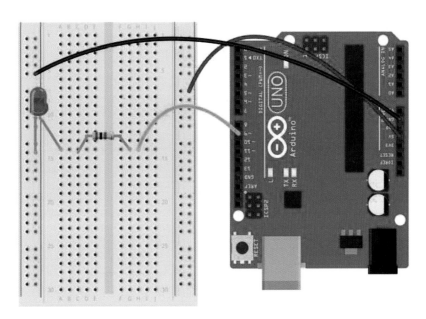

[그림 5-3] 펄스(PWM)으로 LED밝기 조절하기 배선도

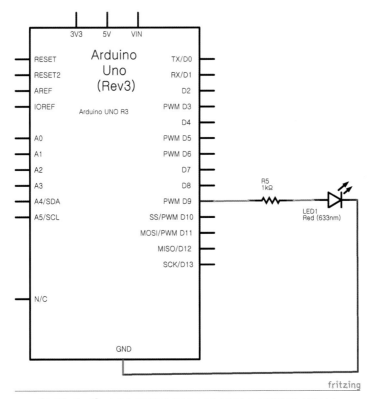

[그림 5-4] 펄스(PWM)으로 LED밝기 조절하기 회로도

프로그램 작성

아두이노 스케치에 아래와 같은 코드를 작성한다.

```
/*
  Fade

  This example shows how to fade an LED on pin 9
  using the analogWrite() function.

  This example code is in the public domain.
*/

int led = 9;           // the pin that the LED is attached to
int brightness = 0;    // how bright the LED is
int fadeAmount = 5;    // how many points to fade the LED by

// the setup routine runs once when you press reset:
void setup() {
  // declare pin 9 to be an output:
  pinMode(led, OUTPUT);
}

// the loop routine runs over and over again forever:
void loop()
{
  // set the brightness of pin 9:
  analogWrite(led, brightness);

  // change the brightness for next time through the loop:
  brightness = brightness + fadeAmount;

  // reverse the direction of the fading at the ends of the fade:
  if (brightness == 0 || brightness == 255) {
    fadeAmount = -fadeAmount ;
  }

  // wait for 30 milliseconds to see the dimming effect
  delay(30);
}
```

int led = 9;

> LED와 연결된 아두이노 보드의 PWM 출력 포트 번호

int brightness = 0;

> analogWrite() 함수를 이용해서 0 ~ 255 사이의 값으로 출력할 변수이다. 이 변수의 값을 조정하면 LED의 밝기를 조정 할 수 있다. 변수의 값을 0으로 하면 LED가 꺼지게 되고 255 값으로 하면 가장 밝게 켜지게 되고 128 값으로 하면 중간 밝기로 켜진다.

int fadeAmount = 5;

> delay(30) 에 의해서 30msec 단위로 밝아지거나 어두워지는 단계를 조정하는 변수이다. 이 값이 크면 클수록 빨리 밝아졌다가 어두워지게 된다.

pinMode(led, OUTPUT);

> PWM 출력 모드로 사용하는 경우에도 아두이노 보드의 포트를 반드시 OUTPUT으로 설정해야 한다.

analogWrite(led, brightness);

> 실제로 아두이노 보드의 출력 포트를 통해서 PWM 신호를 출력시키는 함수이다.

brightness = brightness + fadeAmount;

> LED의 밝기를 fadeAmount 만큼 조정하는 코드이다.

if (brightness == 0 || brightness == 255) {
*   fadeAmount = -fadeAmount ;*
}

> 만약 밝기가 가장 어두워지거나 밝아지면 반대로 하기 위해서 fadeAmount 변수의 부호를 바꿔주고 있다.

delay(30);

> 30msec 단위로 LED의 밝기를 조정하기 위해서 필요하다.

위의 코드는 아두이노 튜토리얼 페이지(http://arduino.cc/en/Tutorial/Fade)에서 코드를 참조하였다.

실행결과

LED의 밝기가 심장이 뛰는 것처럼 처음에 어두운 상태에서 점점 밝아졌다가 가장 밝아진 이후에는 다시 서서히 어두워지고 가장 어두워진 이후에는 다시 서서히 밝아지기를 반복하게 된다.

5.2 펄스(PWM)로 부저(Buzzer) 연주하기

"3.7절 부저(Buzzer) 울리기" 실험에서는 단순히 부저를 켜거나 끄는 실습을 했지만 이번에는 PWM 출력을 이용해서 부저를 제어해서 간단한 연주를 해보자.

실험에 필요한 준비물들

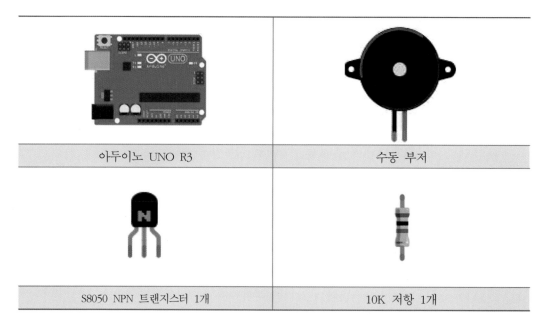

아두이노 UNO R3	수동 부저
S8050 NPN 트랜지스터 1개	10K 저항 1개

하드웨어 연결

아래 배선도를 참조해서 부저와 트랜지스터, 저항을 연결한다. 반드시 트랜지스터의 베이스 핀을 아두이노 보드의 8번 포트에 연결을 해야 한다. 트랜지스터 부품은 처음으로 등장했는데 자세히 알아보자.

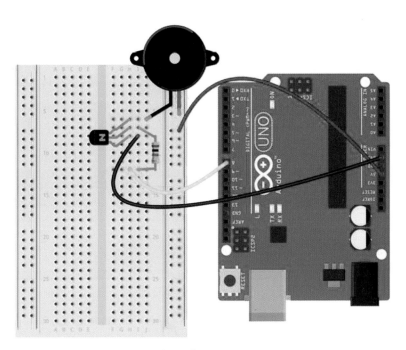

[그림 5-5] 펄스(PWM)으로 부저 연주하기 배선도

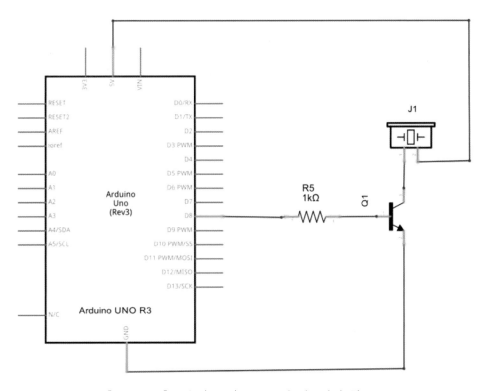

[그림 5-6] 펄스(PWM)으로 부저 연주하기 회로도

트랜지스터에는 PNP, NPN의 2가지 종류가 있다. 2개의 차이점은 PNP형은 베이스에 이미터보다 낮은 전압을 걸어 주면 전류가 이미터에서 컬렉터로 흐르게 되고 NPN형은 베이스에 이미터보다 높은 전압을 걸어 주게 되면 전류는 컬렉터에서 이미터로 흐르게 된다. 결론적으로 베이스에 이미터보다 낮은 전압을 가하느냐 높은 전압을 가해주느냐에 따라 작동이 되느냐, 안되느냐의 차이점이다. 역시 말로는 설명이 어려워진다. 자세한 내용은 아래 그림을 참고하기 바란다.

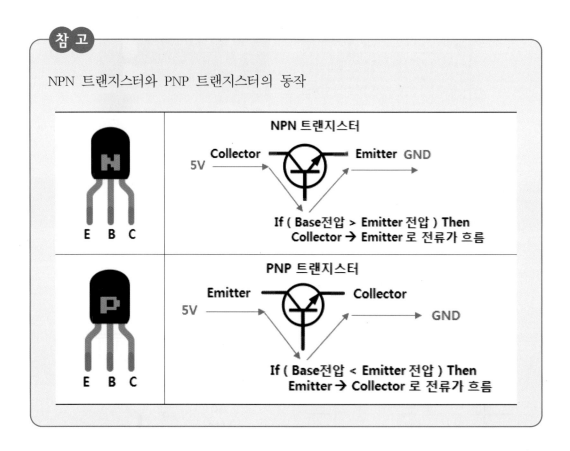

참고

NPN 트랜지스터와 PNP 트랜지스터의 동작

프로그램 작성

```
int speakerPin = 8;

int numTones = 10;
int tones[ ] = {261, 277, 294, 311, 330, 349, 370, 392, 415, 440};
// mid C C# D D# E F F# G G# A

void setup()
{
}

void loop()
{
  for (int i = 0; i < numTones; i++)
  {
    tone(speakerPin, tones[i]);
    delay(500);
  }
  noTone(speakerPin);

  delay(1000);
}
```

이 예제 코드를 완벽하게 이해하기는 쉽지 않다.

C 언어에서의 배열이라는 자료 구조와 함께 여러 가지를 알아야 한다. 책의 머리말
에서도 언급했듯이 이 책의 집필 의도는 이러한 복잡한 공학적인 내용을 설명하려고 하는
것이기 아니기 때문에 C 언어에 대한 자세한 설명보다는 동작에 대한 기초 원리와 아두이노
에서 어떻게 이것을 활용할 수 있는가에 초점을 맞추었기 때문에 핵심적인 함수의 역할에
대해서만 설명하고자 한다. 특정 음을 연주하기 위해서는 주파수를 정해주어야 한다. 각각
의 음은 서로 다른 주파수를 가지고 있고 배열에 저장이 되어 있다. 배열에 있는 음을
순서대로 연수하면 음계를 연주할 수 있다.

int speakerPin = 8;

　　스피커에 연결된 아두이노 보드의 출력 포트번호

```
int numTones = 10;
int tones[] = {261, 277, 294, 311, 330, 349, 370, 392, 415, 440};
```
    소리 음계 데이터를 가지고 있는 배열 자료 구조

```
for (int i = 0; i < numTones; i++)
{
  tone(speakerPin, tones[i]);
  delay(500);
}
```
    for loop문에서 각각의 음은 tone[i]를 사용하여 연주를 하게된다. 아두이노 함수 tone()은
두 개의 파라미터를 가지는데 처음 값은 부저와 연결된 아두이노 출력 포트 번호이고 다른
것은 플레이할 음의 주파수 데이터이다.

```
noTone(speakerPin);
```
    모든 음이 연주가 되면 noTone() 함수에 의해서 현재 연주되고 있는 음을 멈추게 된다.

    위의 스케치 코드는 http://arduino.cc/en/Tutorial/Tone에 있는 예제를 참조하여 작성
하였다.

실행결과

    실행을 시켜보면 8개의 다른 주파수를 갖는 음계가 연주가 되고 1초 후에 이 연주를
계속해서 반복하게 된다. 아래 그림은 아두이노 보드의 출력에서부터 부저를 거쳐서 실제
로 사람의 귀에까지 데이터가 생성되는 경로를 그림으로 표현해 보았다.

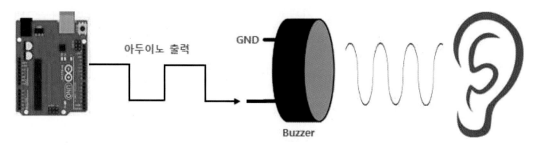

[그림 5-7] 디지털 출력에서 아날로그 변환까지의 경로

5.3 가변저항 값 읽어오기

지금까지 아두이노의 아날로그 출력에 대한 실험을 해보았다. 지금부터는 아두이노의 아날로그 입력 기능에 대한 실습을 해보도록 하자.

아날로그 입력을 받아들이기 위해서는 공학적으로는 ADC(Analog Digital Converter)라는 기능을 이용하는 것이다. ADC란 연속적인 신호인 아날로그 신호를 부호화된 디지털 신호로 변환하는 장치를 뜻한다. 이러한 ADC는 온도, 압력, 음성, 영상신호, 전압 등을 실생활에서 연속적인 아날로그 신호를 측정하여 그 신호를 컴퓨터로 입력하고 디지털로 변화하는 장치이다.

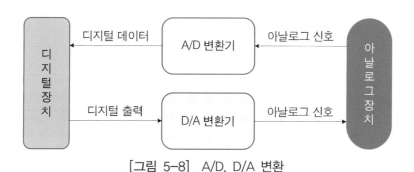

[그림 5-8] A/D, D/A 변환

이번 실험에서는 가변 저항의 저항 값을 읽어서 저항 값에 따라서 LED의 밝기를 제어하는 실험을 해볼 것이다.

실험에 필요한 준비물들

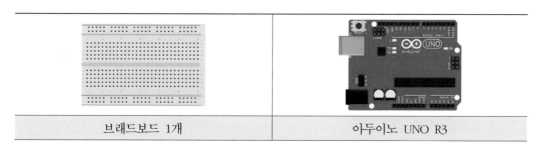

브래드보드 1개	아두이노 UNO R3

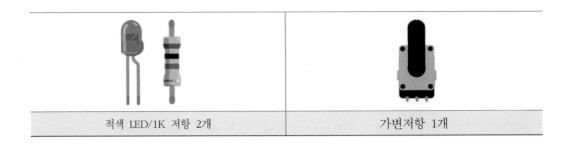	
적색 LED/1K 저항 2개	가변저항 1개

하드웨어 연결

LED를 연결하는 방법은 이제 익숙해졌을 것이다. 가변저항은 리드선이 3개가 나와 있는데 우선 가운데 리드선을 아두이노 보드의 아날로그 입력 기능이 있는 A0 포트에 연결한다. 그리고 나머지 왼쪽과 오른쪽 리드선에는 GND와 VCC를 연결하면 된다. 왼쪽과 오른쪽구분 없이 그냥 연결하면 된다. 배선도를 확인해 가면서 연결을 하자. 그리고 아두이노 보드는 디지털 포트와 분리하여 아날로그 입력 포트를 배치하였다.

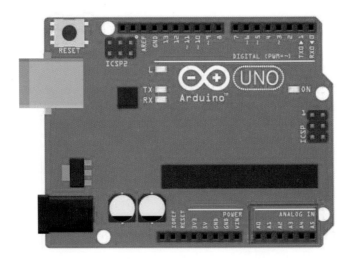

[그림 5-9] 아두이노의 아날로그 입력 포트

위의 그림에서 붉은색 네모 박스 안에 위치한 포트들이 아날로그 입력 기능을 가지는 포트들이다.

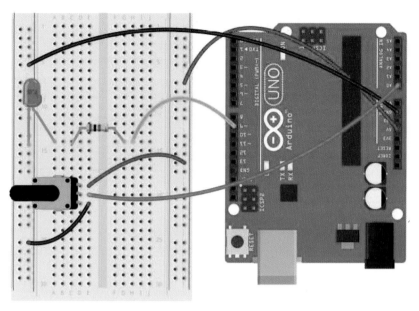

[그림 5-10] 가변저항 값 읽어오기 배선도

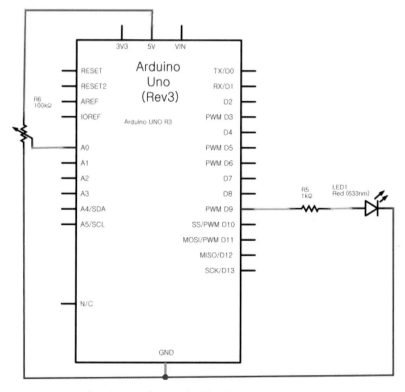

[그림 5-11] 가변저항 값 읽어오기 회로도

프로그램 작성

아두이노 스케치에 아래와 같은 코드를 작성한다.

```
int sensorPin = A0;      // select the input pin for the potentiometer
int led = 9;             // the pin that the LED is attached to

// the setup routine runs once when you press reset:
 void setup()
 {
  // declare pin 9 to be an output:
   pinMode(led, OUTPUT);

   Serial.begin(9600);
 }

// the loop routine runs over and over again forever:
void loop()
{
  int sensorValue = 0;

  // read the value from variable resistence
  sensorValue = analogRead(sensorPin);

  analogWrite(led, sensorValue);
  Serial.println(sensorValue);

  // wait for 10 milliseconds to see the dimming effect
  delay(10);
}
```

int sensorPin = A0;　　*// select the input pin for the potentiometer*
　　　　가변저항의 가운데 리드선과 연결된 아두이노 보드의 아날로그 입력 핀 번호

int led = 9;　　　　　*// the pin that the LED is attached to*
　　　　LED와 연결된 아두이노 보드의 PWM 출력 핀 번호

pinMode(led, OUTPUT);

> PWM 출력을 내보내기 위해서 OUTPUT으로 설정

Serial.begin(9600);

> 가변저항에서 읽은 값을 아두이노 시리얼 모니터에 표현하기 위해서 초기화

sensorValue = analogRead(sensorPin);

> 아두이노는 analogRead() 함수를 이용해서 아날로그 데이터를 디지털로 변환(ADC)한 데이터를 읽어 올 수가 있다. 아두이노의 ADC 변환 장치의 범위는 0~1023까지이다. 즉 10bit의 Resolution을 가지는 ADC 변환기를 가지고 있는 것이다. 그러므로 analogRead() 함수를 이용해서 아날로그 데이터를 읽으면 항상 0~1023 사이의 값을 리턴해 준다.

analogWrite(led, sensorValue);

> 가변저항에서 읽어온 0~1023의 값으로 LED의 밝기를 조정하고 있다.

Serial.println(sensorValue);

> analogRead() 함수로 읽어온 가변 저항의 값을 시리얼 통신을 이용해서 출력하고 있다.

위의 스케치 코드는 http://arduino.cc/en/Tutorial/AnalogInput에서 참조하여 작성을 하였다.

실행결과

아두이노 시리얼 모니터 프로그램을 실행시키고 가변 저항의 손잡이를 돌리면서 테스트를 해보면 저항의 중간쯤에서는 LED의 밝기도 중간정도로 밝아지고 왼쪽으로 돌리거나 오른쪽 끝으로 갈수록 LED의 밝기가 가장 밝아 졌다가 어두워진다. 그리고 시리얼 통신으로도 데이터를 출력하기 때문에 아두이노 시리얼 모니터 상에 표시되는 숫자와 LED의 밝기를 비교해 보는 것도 좋다.

[그림 5-12] 가변저항 값 읽어오기 실행결과

5.4 테스터기 흉내 – 전압 값 읽기

5.3절에서 아두이노의 아날로그 입력 기능을 이용해서 저항 값을 읽어오는 예제와 사실
은 동일한 기능이지만 이번에는 읽어온 아날로그 데이터 값을 Voltage로 변환해서 표시해
보도록 하자.

실험에 필요한 준비물들

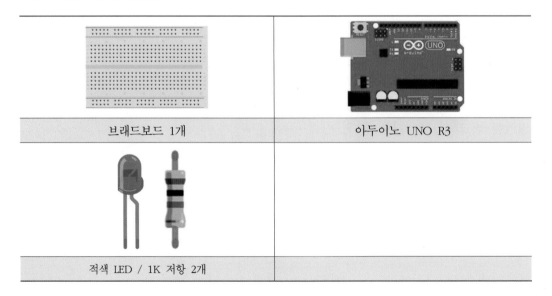

브래드보드 1개	아두이노 UNO R3
적색 LED / 1K 저항 2개	

하드웨어 연결

이전 절에서는 가변 저항은 필요하지 않고 이전 절에서 연결했던 LED와 저항은 동일하게 배선을 하고 아두이노 보드의 3.3V포트를 브레드보드에 연결하면 된다. 물론 아날로그 입력을 위해서 아두이노 보드의 A0 포트 연결은 해야 한다.

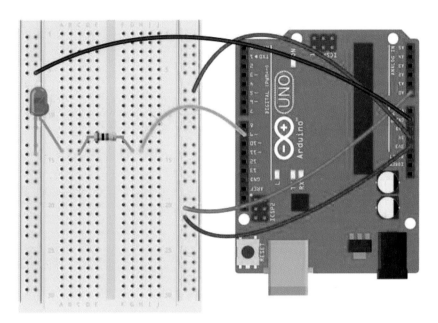

[그림 5-13] 3.3V 전압 값 읽기 배선도

프로그램 작성

아두이노 스케치에 아래와 같은 코드를 작성한다.

```
int sensorPin = A0;     // select the input pin for the potentiometer
int led = 9;            // the pin that the LED is attached to

// the setup routine runs once when you press reset:
 void setup()
 {
  // declare pin 9 to be an output:
   pinMode(led, OUTPUT);

   Serial.begin(9600);
```

```
  }
// the loop routine runs over and over again forever:
void loop()
{
  int sensorValue = 0;
  float voltage = 0.0;

  // read the value from variable resistence
  sensorValue = analogRead(sensorPin);
  voltage = ((float)sensorValue/1023.0)*5.0;
  Serial.print(sensorValue);
  Serial.print(", ");
  Serial.println(voltage);

  analogWrite(led, sensorValue);

  // wait for 10 milliseconds to see the dimming effect
  delay(10);
}
```

int sensorValue = 0;

아두이노 아날로그 입력 포트 A0를 통해서 읽은 아날로그 데이터를 저장할 변수

float voltage = 0.0;

0~1023 사이의 아날로그 데이터를 전압(Voltage) 값으로 변환한 값을 저장하기 위한 변수를 소수점까지 표현하기 위해서 float형으로 선언하였다.

sensorValue = analogRead(sensorPin);

아두이노 아날로그 입력 포트 A0를 통해서 아날로그 데이터를 읽어 온다.

(float)sensorValue

실수(소수점) 연산을 하기 위해서 정수형인 sensorValue 변수를 float형으로 변환을 하는 코드

*voltage = ((float)sensorValue/1023.0)*5.0;*

sensorValue의 최대값이 1023이기 때문에 1023 값으로 나누고 나서 5.0을 곱해주면 아날

로그 데이터를 0~5V 사이의 전압으로 변환할 수가 있다. 실수 연산을 하기 위해서 1023이라고 하지 않고 1023.0처럼 소수점을 붙여서 연산하였다.

Serial.print(sensorValue);
Serial.print(", ");
Serial.println(voltage);

아날로그 데이터 값과 전압으로 변환한 값을 시리얼 포트를 이용해서 출력한다.

실행결과

아두이노 시리얼 모니터를 실행해서 출력되는 결과 값을 확인해 보면 정확하게 5.0V라고 출력되지는 않는다. 이유는 아두이노 보드에서 출력되는 5V 출력 포트에 정확하게 5V가 출력이 되지 않을 수도 있고 아날로그 데이터를 디지털로 변환을 하게 되면 반드시 발생하게 되는 오차가 존재하게 된다. 그렇기 때문에 원래의 데이터와 유사하게 출력이 된다면 올바르게 작동이 되고 있는 것이다.

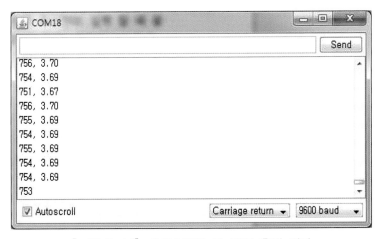

[그림 5-14] 3.3V 전압 값 읽기 출력 결과

이번에는 조금 바꾸어서 5V 전압 값을 읽어서 출력을 해보자. 아두이노 스케치 코드는 동일하게 사용을 하면 된다. 단지 아래 그림처럼 아두이노 보드의 아날로그 입력 포트 A0를 이전과 다르게 5.0V 출력 포트와 연결을 해서 테스트를 하면 된다.

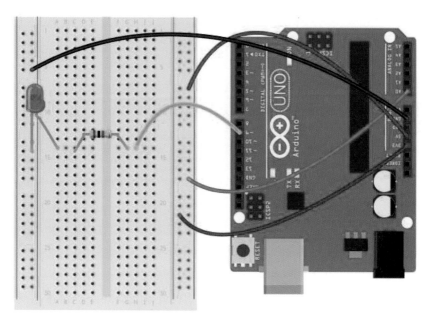

[그림 5-15] 5.0V 전압 값 읽기 배선도

이 교재에서는 출력 결과 값을 표시하지는 않았지만 아마도 5.0V와 유사한 값들이 시리
얼 모니터 프로그램 상에 출력이 될 것이다.

LCD 사용하기

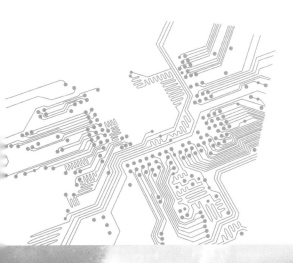

06
C/H/A/P/T/E/R

LCD(Liquid Crystal Display)는 우리 생활의 많은 부분에 사용되는 소자다. 손목에 차고 다니는 손목시계부터 뉴스와 드라마를 보는 TV, 지하철역의 광고판까지 다양하다. 이번 장에서는 이런 LCD에 원하는 데이터를 아두이노를 이용해서 표시하는 방법에 대해 알아본다. 우선 Character LCD에 데이터를 표시하는 타입에는 시리얼과 패러럴 방식의 두 가지가 있다. Character LCD는 간단한 문자 데이터를 표시하기에 적당하다.

6.1 패러럴 LCD 디스플레이(4-bit 모드)

Hitachi HD44780은 시장에 판매되는 Character LCD 모듈에 많이 사용되는 LCD 제어 IC이다. 이 제어 IC는 많은 모양과 크기의 Display를 지원한다. 이번 장에서는 16x1 LCD (16글자1열)를 사용한다. HD44780을 사용하는 LCD 모듈은 아두이노 IDE에 Library가 포함되어 있어 사용하기가 용이하다. 아래 표는 Liquid Crystal Library에서 제공하는 함수들이다. 우리가 이번에 사용하는 LCD의 제어 IC는 정확하게 HD44780는 아니고 HD44780와 호환하는 IC를 사용하는 LCD이다.

실험에 필요한 준비물들

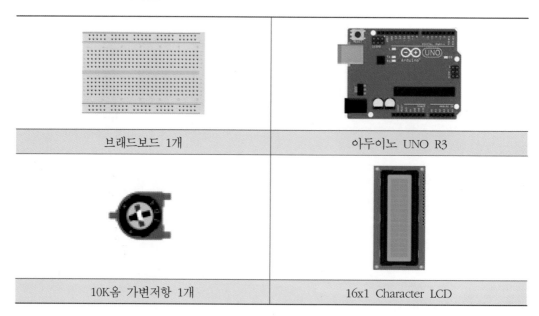

브래드보드 1개	아두이노 UNO R3
10K옴 가변저항 1개	16x1 Character LCD

하드웨어 연결

우리가 사용하는 LCD는 4bit모드와 8bit 모드를 사용할 수 있는데, 배선을 간단히 하기 위해서 4bit 모드를 사용하였다.

[그림 6-1] 4bit LCD 구동하기 배선도

회로도로 표현하기에는 그림이 알아보기 어려워 표로 정리하였다.

[표 6-2] 4bit LCD 구동하기 핀맵

LCD Pin No	Arduino Pin	LCD Pin
1	GND	Vss
2	5V	VCC
3	Contrast(가변 저항에 연결)	V0
4	D12	RS(Register Select)
5	GND	R/W(Read/Write)
6	D11	Enable
7	NC(연결 없음)	Data Bit 0
8	NC(연결 없음)	Data Bit 1
9	NC(연결 없음)	Data Bit 2
10	NC(연결 없음)	Data Bit 3
11	D5	Data Bit 4
12	D4	Data Bit 5
13	D3	Data Bit 6
14	D2	Data Bit 7

가능하면 LCD 모듈 사용 전에 반드시 데이터 시트를 꼭 읽어보기 바란다. 데이터 시트는 모듈을 구매하는 쇼핑몰 사이트나 모듈에 인쇄되어 있는 모델명으로 검색해서 찾을 수 있다. 대부분 Hitachi 77480 호환 모듈들은 같은 핀맵을 사용하지만, 특별히 다르게 제작된 모듈이 있으므로 핀 배열에 대한 정보도 반드시 확인해 봐야 한다.

1) LCD의 Vss를 GND에 연결한다. 그리고 Vcc핀을 아두이노 보드의 +5V 단자나 +3V 단자에 연결한다.

2) LCD의 V0 핀을 10K옴 가변저항의 가운데 핀에 연결한다. 저항은 극성이 없으므로 가변저항의 왼쪽 다리를 +5V에, 오른쪽을 GND에 연결한다. 이렇게 가변저항에 연결하면 이제 가변저항을 이용하여 LCD 밝기 조절을 할 수 있다. LCD를 테스트할 때 LCD화면에 아무것도 표시되지 않거나 하얗게 네모난 박스들만 보인다면 글자가 표시될 때까지 가변저항을 적당이 돌려 LCD화면의 밝기를 조절해야 한다.

4) LCD의 RS(Register Select) 핀을 아두이노 디지털 12번에 연결한다. RS 핀은 LCD의 내부 메모리에 접근 할 때 사용하는 핀이다.

5) LCD의 E(Enable) 핀을 아두이노 디지털 11번에 연결한다.
   Enable 핀은 LCD 레지스터에 값을 쓸 수 있도록 하는 핀이다.

6) LCD의 RW(Read/Write) 핀을 아두이노 보드의 GND에 연결한다.

7) LCD의 DB4-DB7 핀을 아두이노 보드의 디지털 핀 D5-D2까지 연결한다.

프로그램 작성

```
// include the library code:
#include <LiquidCrystal.h>

// initialize the library with the numbers of the interface pins
LiquidCrystal lcd(12, 11, 5, 4, 3, 2);

void setup()
{
  // set up the LCD's number of columns and rows:
  lcd.begin(8, 2);

}

void loop()
```

```
{
  lcd.setCursor(0, 0);

  // Print a message to the LCD.
  lcd.print("hello, w");

  // set the cursor to column 0, line 1
  // (note: line 1 is the second row, since counting begins with 0):
  lcd.setCursor(0, 1);
  lcd.print("orld!");

  delay(1000);
}
```

#include ⟨LiquidCrystal.h⟩

아두이노의 LCD 라이브러리를 사용하기 위해서 헤더 파일을 추가하다. 헤더 파일의 위치는 "₩arduino-1.0.5₩libraries₩LiquidCrystal"에 위치하고 있다.

LiquidCrystal lcd(12, 11, 5, 4, 3, 2);

라이브러리 사용을 하기 위해서 초기화 한다. lcd 초기화 값의 괄호안의 숫자들이 의미하는 것은 아래와 같다. 즉 LCD와 연결된 아두이노보드의 핀 번호를 적어주면 된다.
lcd(RS, Enable, Data Bit 0, Data Bit 1, Data Bit 3, Data Bit 4)

lcd.begin(8, 2);

우리가 사용하는 1행 16열 LCD이지만 아두이노 LCD 라이브러리를 그대로 이용하기 위해서 2행 8열로 라이브러리를 초기화 하였다. 아두이노의 LCD 라이브러리는 원래 16문자 2줄을 나타내는 LCD(1602 LCD)를 위해서 만들어졌기 때문에 LCD 초기화 방법을 다르게 하였다. 아두이노의 LCD 라이브러리 예제는 http://arduino.cc/en/Tutorial/LiquidCrystal를 참조하기 바란다.

lcd.setCursor(0, 0);

LCD에 Display할 좌표를 정해준다.

lcd.print("hello, w");

우리가 LCD를 초기화 할 때 8열로 초기화했기 때문에 한 번에 8글자 이상 표현을 하지 못한다. 8글자가 넘어가면 lcd.setCursor() 함수를 이용해서 0행에서 1행으로 행을 바꾼 다음에 디스플레이 하면 된다. 실제 LCD는 1행 16열이지만 아두이노 라이브러리를 그대로 이용하기 위해서 LCD가 2행 8열인 것처럼 생각하고 사용하는 것이다.

위에서 설명한 함수 이외에도 아두이노 LCD 라이브러리에는 여러 가지 기능의 함수를 다양하게 제공하고 있다.

Function	Description
begin(int column, int row)	LCD 화면의 열, 행의 개수를 지정
clear()	LCD 화면을 클리어 한다.
home()	문자 표시위치를 왼쪽 상단으로 지정
setCursor(int column, int row)	문자 표시위치를 열과 행으로 지정
write()	현재 커서 위치에 한 문자를 표시
print()	현재 커서 위치에 문자열을 표시
cursor()	현재 커서 위치에 커서('_') 모양 표시
noCursor()	커서 문자를 숨긴다.
blink()	커서 모양을 깜빡 이도록 한다.
noBlink()	커서 Blinking Disable
display()	LCD Display On
noDisplay()	LCD Display Off
scrollDisplayLeft()	왼쪽으로 한 문자 스크롤
scrollDisplayRight()	오른쪽으로 한 문자 스크롤
autoScroll()	문자를 LCD 디스플레이 범위를 넘어서면 왼쪽에서 오른쪽으로 자동 스크롤
noAutoScroll()	문자를 LCD 디스플레이 범위를 넘어도 자동으로 스크롤 하지 않음
leftToRight()	문자 표시 방향을 왼쪽에서 오른쪽으로 표시
rightToLeft()	문자 표시 방향을 오른쪽에서 왼쪽으로 표시

실행결과

컴파일을 해서 실행을 하면 LCD 화면에 "hello, world!"의 영문 글자가 표시된다.

6.2 패러럴 LCD 디스플레이(8-bit 모드)

LCD를 8bit로 구동시키는 방법은 LCD와 아두이노 보드와의 배선만 다르게 하면 나머지 스케치 코드와 실행 결과는 동일하다. 배선이 좀 복잡하지만 8bit 모드를 사용하면 LCD에 문자를 디스플레이하는 속도가 4bit 모드보다 빠르다는 장점이 있다.

하드웨어 연결

이전 Chapter에서는 4bit모드로 LCD를 사용하였고 조금 복잡하기는 하지만 이번에는 8bit 모드로 사용하기 위해서 배선 연결을 해보자.

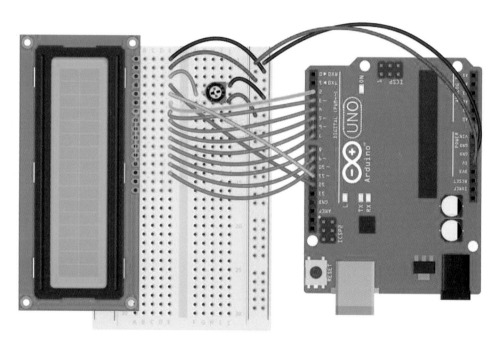

[그림 6-3] 8bit LCD 구동하기 배선도

아래 표는 LCD를 8bit로 구동시킬 경우에 LCD와 아두이노 보드와의 핀 연결을 하는 방법이다. 8bit 모드로도 한 번 구동을 시켜 보기 바란다. 배선 연결이 복잡하여 별도로 회로도는 그리지 않았다.

[표 6-4] 8bit LCD 구동하기 핀맵

LCD Pin No	Arduino Pin	LCD Pin
1	GND	Vss
2	5V	VCC
3	Contrast(가변 저항에 연결)	V0
4	D12	RS(Register Select)
5	D11	R/W(Read/Write)
6	D2	Enable
7	D3	Data Bit 0
8	D4	Data Bit 1
9	D5	Data Bit 2
10	D6	Data Bit 3
11	D7	Data Bit 4
12	D8	Data Bit 5
13	D9	Data Bit 6
14	D10	Data Bit 7

프로그램 작성

```
int DI = 12;
int RW = 11;
int DB[] = {3, 4, 5, 6, 7, 8, 9, 10};
int Enable = 2;

void LcdCommandWrite(int value) {
 // poll all the pins
 int i = 0;
 for (i=DB[0]; i <= DI; i++) {
   digitalWrite(i,value & 01);
   value >>= 1;
 }
 digitalWrite(Enable,LOW);
 delayMicroseconds(1);
 // send a pulse to enable
 digitalWrite(Enable,HIGH);
 delayMicroseconds(1);  // pause 1 ms according to datasheet
 digitalWrite(Enable,LOW);
```

```
  delayMicroseconds(1);  // pause 1 ms according to datasheet
}
void LcdDataWrite(int value) {
 // poll all the pins
 int i = 0;
 digitalWrite(DI, HIGH);
 digitalWrite(RW, LOW);
 for (i=DB[0]; i <= DB[7]; i++) {
   digitalWrite(i,value & 01);
   value >>= 1;
 }
 digitalWrite(Enable,LOW);
 delayMicroseconds(1);
 // send a pulse to enable
 digitalWrite(Enable,HIGH);
 delayMicroseconds(1);
 digitalWrite(Enable,LOW);
 delayMicroseconds(1);  // pause 1 ms according to datasheet
}

void initLCD() {
 delay(100);
 // initiatize lcd after a short pause
 // needed by the LCDs controller
 LcdCommandWrite(0x3A);  // function set:
                        // 8-bit interface, 2 display lines, display ON
 delay(10);
 LcdCommandWrite(0x0E);  // display control:
                        // turn display on, cursor on, no blinking
 delay(10);
 LcdCommandWrite(0x01);  // clear display, set cursor position to zero
 delay(10);
 LcdCommandWrite(0x06);  // entry mode set:
                        // increment automatically, no display shift
 delay(10);
}

// this is the function used to send data to the
// LCD screen in the proper format, the others are
// working at lower level
```

```
void printLCD(const char *s) {
  int count = 0;
  while (*s) {
    if(count==8) {
      LcdCommandWrite(0xC0);  // jump to the second part of the display:
      delay(5);
    }
    if(count>=16) {
      break;
    }
    LcdDataWrite(*s++);
    count ++;
  }
}

void setup () {
 int i = 0;
 for (i=Enable; i <= DI; i++) {
   pinMode(i,OUTPUT);
 }
 initLCD();
}

void loop () {
  LcdCommandWrite(0x02);  // set cursor position to zero
  delay(10);
  // Write the welcome message
  printLCD("Hellow World!");
  delay(500);
}
```

8bit 모드에서는 아두이노의 LCD 라이브러리를 사용하지 않고 스케치 코드를 작성하여 코드가 조금 복잡하다. LCD 초기화 코드들을 모두 이해하기 위해서는 LCD 데이터시트의 모든 내용을 이해해야 가능하므로 아두이노 보드에서 사용방법만을 알아보자.

int DI = 12;

LCD Register Select 핀을 정의한 것이다.

int RW = 11;

    LCD에 Data(문자)를 Write 하기위해서 필요한 핀이다.

int DB[] = {3, 4, 5, 6, 7, 8, 9, 10};

    LCD이 8bit 데이터 핀이다.

int Enable = 2;

    LCD에 데이터를 Write하기 전에 반드시 LOW로 설정이 되어야 한다.

printLCD("Hellow World!");

    LCD에 문자를 디스플레이 한다.

실행결과

    컴파일을 해서 실행을 하면 LCD 화면에 "hello, world!"의 영문 글자가 표시된다.

6.3 　시리얼 LCD 디스플레이

    시리얼 LCD와 패러럴 LCD의 차이점은 시리얼 LCD는 한 개 데이터를 보내는데 한 선만 가지고도 데이터를 전송할 수 있는 것이다. 시리얼 LCD와 연결되어 있으면 serial .print(cammand)라는 명령어로 LCD에 다양한 문자를 표시 할 수 있다. 그리고 LCD를 켜거나 끄기, 커서 이동 등 다양한 LCD동작도 시킬 수 있다. 물론 이런 동작을 시킬 수 있는 코드들(http://arduino.cc/playground/Code/SerLCD)은 이미 아두이노 라이브러리로 작성되어 있지만 여기서는 아두이노 라이브러리 함수를 이용하지 않고 커스텀으로 작성된 함수를 사용해서 실험을 할 것이다.

실험에 필요한 준비물들

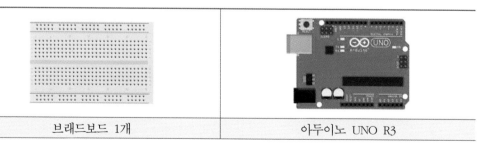

브래드보드 1개	아두이노 UNO R3

시리얼 LCD 앞면	시리얼 LCD 뒷면

하드웨어 연결

시리얼 LCD의 가장 큰 장점은 역시 배선이 쉽다는 것이다. LCD에 문자를 디스플레이 하기 위해서 단순히 아두이노 보드의 TX포트와 시리얼 LCD의 RX 포트 1개의 연결만으로 문자를 디스플레이 할 수 있다. 물론 LCD에 전원 공급을 위해서 VCC, GND 2개 핀의 연결은 필수적이다.

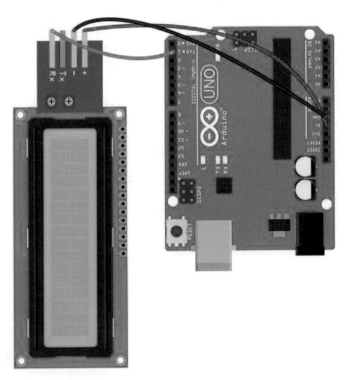

[그림 6-5] 시리얼 LCD 구동하기 배선도

위의 배선도에서 LCD옆에 4개의 핀이 나와 있지만 실제 제품에는 LCD 밑면에 4개의 핀과 밝기 조정을 위한 가변 저항 2개가 있다.

위의 그림은 LCD 제품과 아두이노 보드의 배선도를 보기 쉽게 하기 위해서 약간 편집을 한 것이다. 실제 시리얼 LCD 제품의 그림은 아래 그림을 참조하기 바란다. 만약 실험에서 LCD화면에 문자가 제대로 보이지 않는다면 시리얼 LCD 밑에 있는 2개의 가변 저항을 돌려서 밝기를 조정해 보기 바란다. 1개는 LCD 백라이트 밝기를 조정하는 저항이고 1개는 LCD에 표시되는 문자의 밝기를 조정하는 저항이다.

[그림 6-6] 시리얼 LCD 실제 사진

프로그램 작성

```
void setup()
{
  Serial.begin(9600);
}

void loop()
{
  Serial.print("$CLEARWrWn");
  Serial.print("$GO 1 4WrWn");
  Serial.print("$PRINT Welcome toWrWn");
  Serial.print("$GO 2 1WrWn");
  Serial.print("$PRINT www.jkelec.co.krWrWn");
  Serial.print("$CURSOR 1 1WrWn");

  delay(1000);
}
```

Serial.begin(9600);

시리얼 통신을 통해서 LCD 디스플레이를 하기 때문에 9600bps로 아두이노의 시리얼 통신을 초기화한다.

Serial.print("$CLEAR\r\n");

LCD 화면을 모두 지운다.

Serial.print("$GO 1 4\r\n");

LCD에 표시될 문자의 위치를 1행 4열로 지정한다.

Serial.print("$PRINT Welcome to\r\n");

LCD에 문자를 디스플레이한다.

Serial.print("$CURSOR 1 1\r\n");

커서를 1행 1열로 지정한다.

주의할 사항은 LCD에 명령과 문자를 전송할 때 반드시 "₩r₩n"문자로 끝내야 한다.

실행결과

컴파일을 해서 실행을 하면 LCD 화면에 첫 번째 줄에는 "Welcome to"라는 문자가 표시가 되고 두 번째 줄에는 "www.jkelec.co.kr"라는 영문 글자가 표시된다.

실제 세계와의
통로 센서

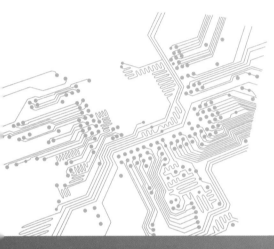

07
C/H/A/P/T/E/R

7.1 센서 소개

센서의 정의를 Wikipedia에서 찾아보면 센서(sensor) 또는 감지기(感知器)는 온도나 빛 같은 물리에너지를 전기신호로 바꿔 주는 정보탐지장치를 라고 정의하고 있다. 오늘날 센서의 종류는 수도 없이 많고 실제 제품에서도 유용하게 이용이 되고 있다. 최근에 많이 사용하고 있는 스마트폰에 숨겨진 센서들을 찾아보자.

근접센서, 온도/습도 센서, 지자기 센서, 자이로 센서, 가속도 센서, 조도센서 등 제품 하나에도 여러 종류의 센서를 조합하여 사용하기 편리 하도록 제품에 다양한 용도로 이용이 되고 있다. 아두이노에서도 이용 가능한 센서들이 많이 있는데 크게는 아날로그 인터페이스 센서와 디지털 인터페이스 센서로 분류할 수 있다. 우선 우리가 실험해볼 센서들을 2개의 종류로 나누어 보자.

▌아날로그 센서

　　　CDS 조도센서

▌디지털 센서

　　　DHT11 온습도, 화염감지, SW-520D 기울기, SW-18020P 진동, 초음파센서

위에서 나열된 디지털 센서도 인터페이스는 디지털이지만 센서 자체는 대부분 아날로그 값을 출력으로 하는 센서들이 대부분이다. 이제부터 각 센서들을 하나씩 실험해 보자.

7.2 밝기 감지하기 – CDS 조도센서

흔히들 알고 있고, 저렴한 가격과 활용도 때문에 많이 사용하는 빛 감지 센서이다. CDS 센서는 광에 쏘여지면 저항 값이 감소하는 광도전효과(Photo conductive effect)를 이용한 반도체 포토센서이다.

CdS라고 불리는 이유는 CdS Photoresistor를 만드는 주 재료가 카드뮴(Cd)과 황(S)의 화합물인 황화카드뮴(CdS)이기 때문이다. 포토셀(PhotoCell)이라고도 많이 불리며, 빛의 밝기에 반응을 한다. 주위가 밝으면 저항이 줄어들고 주위가 어두우면 저항이 커지는 특징을 가지고 있다.

[그림 7-1] CDS 셀의 구조

즉 주위가 밝아지면 CdS저항이 줄어들어 Analog Input 핀에 높은 전압이 들어가고 반대로 주위가 어두워지면 CdS의 저항이 커지게 되므로 아날로그 Input 핀에 낮은 전압이 들어간다.

이번 실험에서는 CDS센서를 이용해서 주위가 어두워지면 아두이노의 D11에 연결된 LED를 PWM을 이용하여 밝게 켜고 주위가 밝아지면 어둡게 켜는 실험을 해보자.

실험에 필요한 준비물들

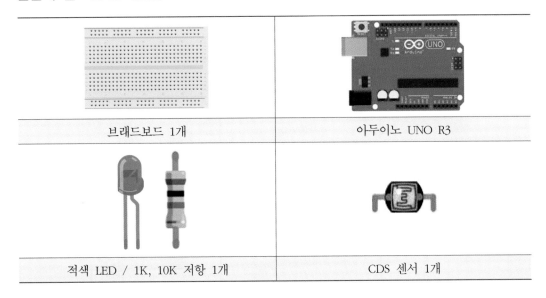

브래드보드 1개	아두이노 UNO R3
적색 LED / 1K, 10K 저항 1개	CDS 센서 1개

하드웨어 연결

아두이노의 PWM 기능을 이용하기 위하여 PWM 기능이 있는 디지털 핀 중에서 D11에 LED를 1K 저항과 함께 연결하고 CDS센서의 저항 값을 아날로그 값으로 읽어 들여야 하기 때문에 CDS의 2개의 리드선중 1개를 A0 핀에 연결한다.

CDS센서에 보면 리드선이 2개가 나와 있는데 CDS센서도 저항으로 생각하면 극성을 구분해서 연결을 하지 않아도 된다.

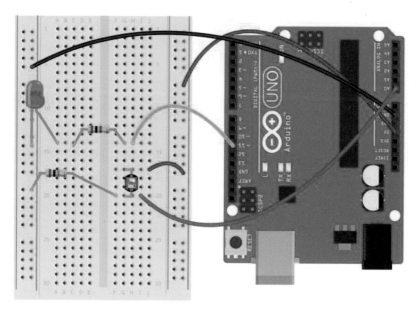

[그림 7-2] CDS 조도센서 배선도

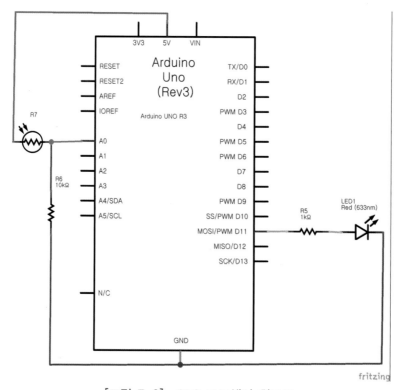

[그림 7-3] CDS 조도센서 회로도

CDS 센서의 한쪽 리드선을 A0에 연결하였으면 나머지 한쪽은 VCC(5.0V or 3.3V)에 연결한다.

프로그램 작성

아두이노 스케치에 아래와 같은 코드를 작성한다.

```
int lightPin = 0;  // define a pin for Photo resistor
int ledPin=11;     // define a pin for LED

void setup()
{
    Serial.begin(9600);  //Begin serial communcation
    pinMode( ledPin, OUTPUT );
}

void loop()
{
    Serial.println(analogRead(lightPin));
    analogWrite(ledPin, analogRead(lightPin)/2);
    delay(10); //short delay for faster response to light.
}
```

int lightPin = 0;

        CDS센서가 연결된 아두이노 아날로그 입력 포트 번호

int ledPin=11;

        PWM으로 밝기를 조절할 아두이노 PWM 기능이 가능한 포트 번호

pinMode(ledPin, OUTPUT);

        LED가 연결된 포트의 출력을 위해서 OUTPUT으로 설정

Serial.println(analogRead(lightPin));

        CDS센서가 연결된 포트의 아날로그 값을 읽어서 시리얼 통신으로 출력한다. 아두이노의
아날로그 입력 값은 0~1023 사이의 값이 출력된다. 이 값이 정해져 있는 이유는 아두이노
가 ATMEGA CPU를 기반으로 하고 있기 때문에 ATMEGA CPU의 ADC 입력의 Resolution
이 10bit이므로 2의 10승으로 계산되는 값이다.

analogWrite(ledPin, analogRead(lightPin)/2);

        CDS센서의 밝기에 따라서 PWM 포트에 연결된 LED의 밝기를 조정하는 스케치 코드이다.

실행결과

CDS센서를 손이나 다른 물체로 가려 보자. 그러면 붉은색 LED의 밝기가 밝아질 것이다. 그리고 아두이노에서 시리얼포트 모니터 창을 실행하면 아래 그림과 같이 CDS센서에서 읽어지는 값 0~1023 사이의 숫자를 계속해서 출력한다.

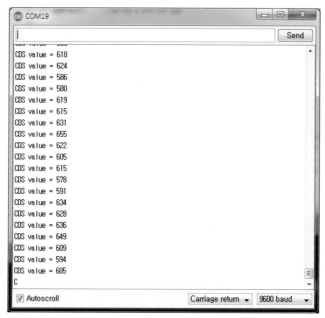

[그림 7-4] CDS 조도센서의 출력 결과 창

7.3 온도, 습도 감지하기 – DHT11 온습도 센서

DHT11은 온도와 습도를 동시에 측정이 가능한 온습도 센서로 아두이노 PlayGround (http://playground.arduino.cc/main/DHT11Lib)에서 라이브러리를 제공하고 있다.

DHT11은 온도와 습도를 동시에 측정할 수 있는 것은 아니고 서로 배타적으로 측정값을 읽어올 수가 있다. 아래 표는 DHT11 온습도 센서의 사양을 정리한 것이다.

Measurement Range	Humidity Accuracy	Temperature Accuracy	Resolution	Package
20~90%RH 0~50℃	±5%RH	±2℃	1	4 Pin Single Row

실험에 필요한 준비물들

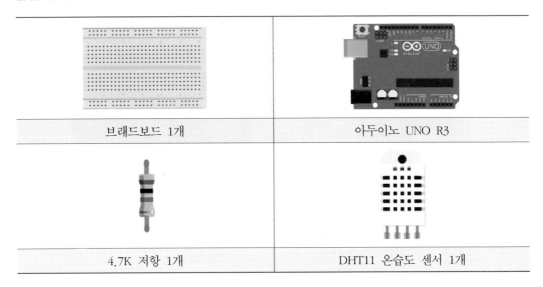

브래드보드 1개	아두이노 UNO R3
4.7K 저항 1개	DHT11 온습도 센서 1개

하드웨어 연결

DHT11센서는 4개의 리드선을 가지고 있다. 왼쪽에서부터 순서대로 VCC, Data, NC, GND 순이다. VCC에 인가할 수 있는 전원은 3V~5.5V 사이의 DC전원을 연결하면 된다. Data선은 아두이노 보드의 D2와 연결을 하고 NC(Not Connect) 선은 연결을 할 필요는 없다. NC는 연결을 하지 않아도 되는 선을 말한다. 아래 그림은 DHT11 4개의 핀을 그림으로 표현한 것이다.

[그림 7-5] DHT11 온습도 센서 핀 그림

아두이노와 센서를 연결할 때 위의 그림을 참조해서 전원과 데이터 선을 연결하면 된다. DHT11 온습도 센서와 아두이노 보드와 연결할 때 너무 길지 않도록 연결을 해야 하고 장시간에 밝은 빛이나 태양빛에 노출된 환경에서는 센서의 데이터에 이상이 올 수도 있다.

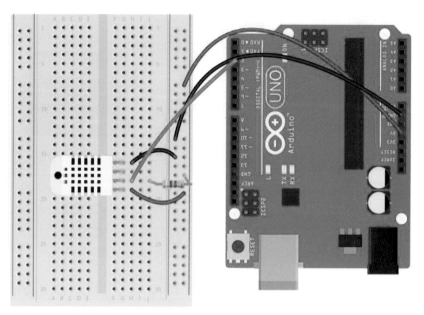

[그림 7-6] DHT11 온습도 센서 배선도

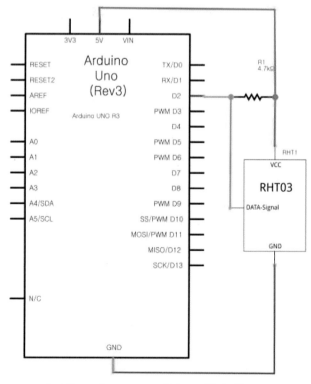

[그림 7-7] DHT11 온습도 센서 회로도

프로그램 작성

아두이노 스케치를 작성하기 전에 아두이노 PlayGround에 방문하여 DHT11 온습도 센서 라이브러리를 다운받아야 한다. 먼저 http://playground.arduino.cc/main/DHT11Lib 사이트에 접속한다.

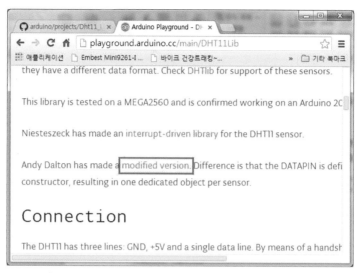

[그림 7-8] DHT11 센서 아두이노 PlayGround

아두이노 플레이그라운드 DHT11Lib 웹 페이지의 상단에 보면 "modified version"의 링크를 따라가 보자.

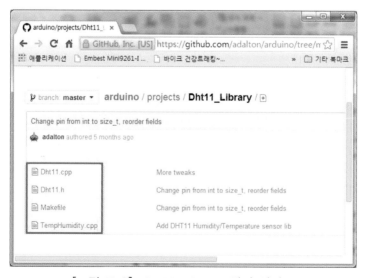

[그림 7-9] DHT11 Github 관리 사이트

Github(https://github.com/adalton/arduino/tree/master/projects/Dht11_Library)에서 관리되고 있는 아두이노용 DHT11 센서의 라이브러리 파일들을 다운로드 받을 수 있다. 다운받은 4개의 파일들을 "/arduino-1.0.5₩libraries₩DHT11"와 같은 폴더를 생성하고 전부 복사를 한다. 그리고 아두이스 스케치 코드를 작성한다.

arduino-1.0.5라는 폴더는 현재 사용 중인 아두이노 개발환경의 버전에 따라서 달라질 수 있다.

```
/*
http://playground.arduino.cc/main/DHT11Lib
*/

#include <dht11.h>

#define DHT11PIN 2

dht11 DHT11;

void setup()
{
  Serial.begin(9600);
  Serial.println("DHT11 TEST PROGRAM ");
  Serial.print("LIBRARY VERSION: ");
  Serial.println(DHT11LIB_VERSION);
  Serial.println();
}

void loop()
{
  Serial.println("₩n");

  int chk = DHT11.read(DHT11PIN);

  Serial.print("Read sensor: ");
  switch (chk)
  {
    case DHTLIB_OK:
                Serial.println("OK");
                break;
```

```
    case DHTLIB_ERROR_CHECKSUM:
            Serial.println("Checksum error");
            break;
    case DHTLIB_ERROR_TIMEOUT:
            Serial.println("Time out error");
            break;
    default:
            Serial.println("Unknown error");
            break;
    }

    Serial.print("Humidity (%): ");
    Serial.println((float)DHT11.humidity, 2);

    Serial.print("Temperature (° C): ");
    Serial.println((float)DHT11.temperature, 2);

    delay(2000);
}
```

#include 〈dht11.h〉

DHT11 라이브러리를 사용하기 위해서 반드시 추가해야 한다.

#define DHT11PIN 2

센서의 데이터를 읽기 위한 아두이노 보드의 디지털 포트 번호이다.

dht11 DHT11;

센서 라이브러리를 사용하기 위한 초기화 코드이다.

Serial.println(DHT11LIB_VERSION);

DHT11LIB_VERSION의 값은 dht11.h 파일에 정의되어 있다.

int chk = DHT11.read(DHT11PIN);

아두이노보드의 D2 포트에서 센서의 데이터 값을 읽어온다. chk 변수가 DHTLIB_OK 인 경우에만 정상적인 데이터가 읽혀진 것이다.

- DHTLIB_ERROR_CHECKSUM : 센서 데이터의 체크 섬 에러가 발생한 경우이다.
- DHTLIB_ERROR_TIMEOUT : 1초 이내에 데이터 읽기를 하지 못한 경우

Serial.println((float)DHT11.humidity, 2);

센서에서 읽은 습도 값을 시리얼 통신으로 출력한다.

Serial.println((float)DHT11.temperature, 2);

센서에서 읽은 온도 값을 시리얼 통신으로 출력한다.

delay(2000);

올바른 센서 데이터를 읽기 위해서 1초 이상의 Delay 타임이 반드시 필요하다.

DHT11 센서에서 1-wire 연결을 통해서 약 1초마다 한 번씩 온도와 습도 값을 읽어 올 수가 있다. DHT11 센서에서 출력하는 데이터 포맷은 습도 데이터가 먼저오고 온도 데이터가 온다. 정확한 포맷은 아래와 같다.

Data format: 8bit integral RH data+8bit decimal RH data+8bit integral T data + 8bit decimal T data + 8bit check sum

조금 복잡해 보일 수 있는데 상세한 사항을 알고 싶다면 아두이노 DHT11 라이브러리 코드를 분석해 보는 것도 좋은 방법이다.

실행결과

2초 간격으로 습도와 온도가 터미널 창에 표시가 된다.

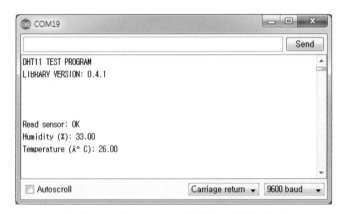

[그림 7-10] DHT11 온/습도 출력 결과

7.4 화재 감지하기 – 화염감지 센서

화염 감지 실습은 화염 센서를 이용하여 화염의 파장을 인식하여 감지하고, 감지된 신호를 아두이노 디지털 입력으로 인식하여 적절한 제어와 출력을 할 수 있는 실습이다. 이번 실험에서 사용할 센서는 화염의 파장을 감지할 수 있는 센서 모듈이다. 약 80cm 정도의 거리에서 발생한 불을 검출할 수 있는 센서 모듈이다. 이 모듈의 주요 특징은 다음과 같다.

- 760nm에서 1,100nm의 범위에서 불이나 광원의 파장을 감지
  (가변 저항으로 감도 조절 가능)
- 80cm의 불을 검출
- 감지각도는 약 60도 정도에서 화염 스펙트럼에 특히 민감

화염 센서 모듈은 아래의 그림과 같이 화염 센서, 비교기로 구성된다.

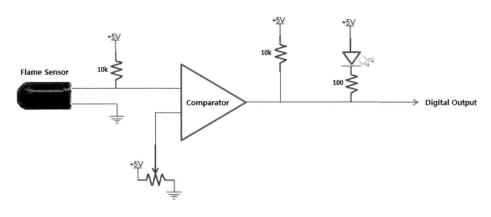

[그림 7-11] 화염 감지 센서의 구성

화염 센서 모듈의 동작은 화염 감지가 있는 경우와 없는 경우의 동작이 있다. 우선 화염 파장이 감지된 경우에는 화염 센서 입력 전압이 기준 전압을 설정하는 가변 저항(파란 네모 모양 안에 십자 표시가 된 부품) 값에 따라 설정한 기준 전압보다 작으면 비교기에 Low 값이 출력된다. 출력된 값은 위의 그림에서 보듯이 화염감지 센서에 부착되어 있는 LED가 ON 된다. 하지만 화염 센서 입력 전압이 거의 없다면 기준 전압보다 커서 비교기에 High 값이 출력된다. 그러므로 LED는 OFF 된다.

실험에 필요한 준비물들

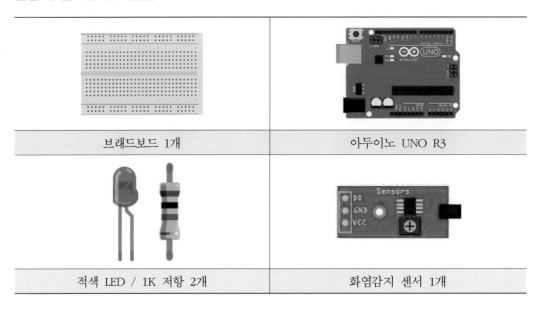

브래드보드 1개	아두이노 UNO R3
적색 LED / 1K 저항 2개	화염감지 센서 1개

하드웨어 연결

화염이 감지되었을 경우에 붉은색 LED를 켜기 위해서 LED를 아두이노 보드의 D3 포트에 연결하고 화염감지 센서의 출력 핀(DO - Data Out)을 아두이노 보드에서 입력으로 받아들이기 위해서 아두이노 보드의 D2에 연결을 한다.

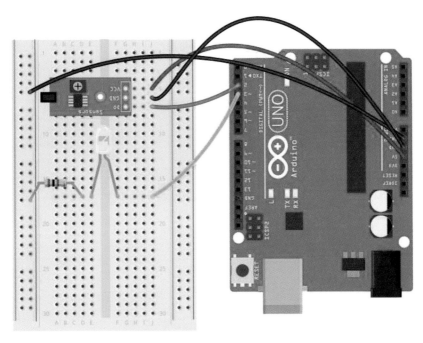

[그림 7-12] 화재 감지하기 배선도

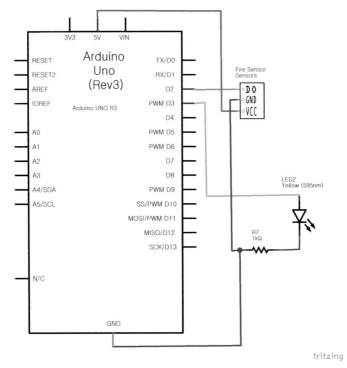

[그림 7-13] 화재 감지하기 회로도

프로그램 작성

아두이노 스케치에 아래와 같은 코드를 작성한다.

```
int led = 3;
int sensor = 2;

void setup()
{
  pinMode(led, OUTPUT);
  pinMode(sensor, INPUT);
}

void loop()
{
  if( digitalRead(sensor) == LOW )
    digitalWrite(led, HIGH);
  else
    digitalWrite(led, LOW);

  delay(100);
}
```

int led = 3;

　　　　화재가 발생하였을 경우 알려주기 위한 LED 포트

int sensor = 2;

　　　　화재 감지 센서의 DO(Digital Out)와 연결한 아두이노 연결 포트

pinMode(led, OUTPUT);

　　　　LED를 켜기 위해서 LED와 연결된 아두이노 포트를 OUTPUT으로 설정

pinMode(sensor, INPUT);

　　　　화재감지 센서에서 입력을 디지털 입력을 받기 위해서 INPUT으로 설정

if(digitalRead(sensor) == LOW)

　　　　화재감지 센서와 연결된 아두이노 포트를 읽어서 LOW이면 화재가 감지된 경우임

delay(100);

　　1초마다 한 번씩 화재를 감지 하기위해서 필요함.

실행결과

　　화염을 제대로 감지하는지 테스트하기 위해서는 불꽃이 필요하다. 라이터나 촛불 등을 이용하여 센서가까이에 대보자. 그러면 브래드보드에 있는 LED가 켜질 것이다. 물론 화염 감지 센서 모듈에 있는 LED도 동시에 켜지게 된다. 불꽃에 제대로 반응하지 않는다면 화염감지 센서에 있는 파란색 모양의 작은 가변저항을 십자드라이버를 이용해서 미세하게 조정한 이후에 테스트하면 된다. 가변 저항을 이용하여 센서의 감도를 조정할 수 있다.

7.5 　기울기(Tilt) 감지하기 − SW−520D 기울기 센서

　　기울기 감지 실습은 기울기 센서 모듈을 이용하여 기울기를 감지하고 감지된 신호를 아두이노 보드로 입력하여 적절한 제어와 출력을 할 수 있는 실습이다. 금으로 도금된 재질의 원형 하우징에 금속 볼을 내장하여 일정각도 이상 기울어지면 볼이 움직여 스위치 역할을 하게 되어 기울기를 감지한다. 기울기 센서 모듈은 아래의 그림과 같이 기울기 센서, 비교기로 구성된다.

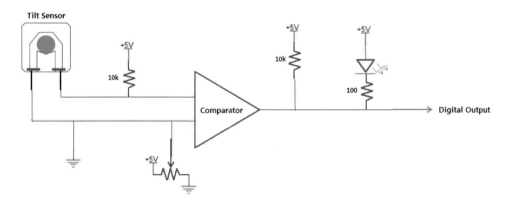

[그림 7-14]　기울기(Tilt) 감지 센서의 구성

　기울기 감지 센서 모듈의 동작은 기울기 감지가 있는 경우와 없는 경우의 동작이 있다. 우선기울기가 감지된 경우에는 기울기 센서 입력 전압이 기준 전압을 설정하는 가변 저항 값에 따라 설정한 기준 전압보다 작으면 비교기에 Low 값이 출력된다. 출력된 값은 위의 그림에서 보듯이 LED가 ON 된다. 하지만 기울기 센서 입력 전압이 거의 없다면 기준 전압보다 커서 비교기에 High 값이 출력된다. 그러므로 LED는 OFF 된다. 아래의 그림과 같이 기울기가 특정각도 이상이면 기울기 센서의 두 핀이 연결되어 센서출력 전압이 LOW 로 출력 된다.

　따라서 비교기의 입력이 기준전압보다 작으면 비교기 출력은 LOW로 출력된다. 그러므로 LED는 ON 된다. 반대로 기울기가 특정각도 이하이면 기울기 센서의 두 핀이 떨어져 센서 출력 전압이 HIGH로 출력된다. 따라서 비교기의 입력이 기준전압보다 크면 비교기 출력은 HIGH로 출력된다. 그러므로 LED는 OFF 된다.

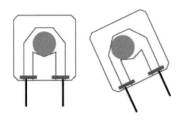

[그림 7-15]　기울기(Tilt) 감지 센서의 동작

실험에 필요한 준비물들

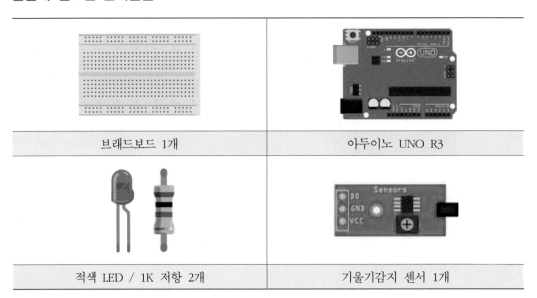

브래드보드 1개	아두이노 UNO R3
적색 LED / 1K 저항 2개	기울기감지 센서 1개

참고로 기울기감지 센서의 모양은 앞의 센서가 둥그런 금속 모양으로 바뀐 것 이외에는 앞 Chapter 화염감지 센서와 동일하게 생겼고 사용하는 방법과 센서의 출력 데이터도 동일하다. 그래서 하드웨어 연결부분과 회로 부분은 화염감지 센서와 동일하다고 생각하면 된다.

하드웨어 연결

기울기가 감지되었을 경우에 붉은색 LED를 켜기 위해서 LED를 아두이노보드의 D3 포트에 연결하고 기울기감지 센서의 출력 핀(DO - Data Out)을 아두이노보드에서 입력으로 받아들이기 위해서 아두이노 보드의 D2에 연결을 한다.

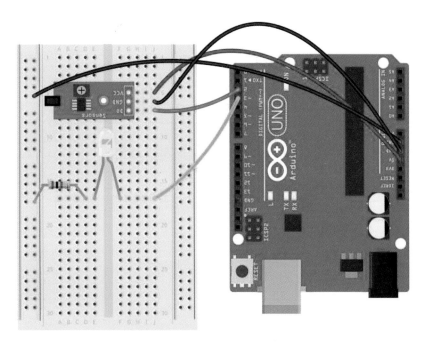

[그림 7-16] 기울기 감지하기 배선도

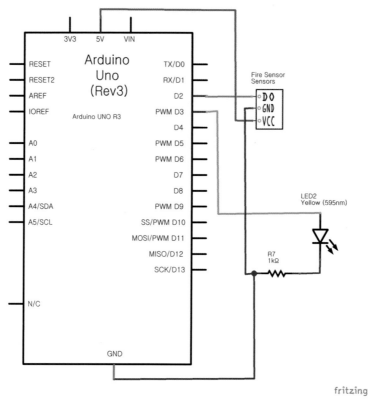

[그림 7-17] 기울기 감지하기 회로도

프로그램 작성

화염감지 센서를 인식하는 코드와 동일하다.

```
int led = 3;
int sensor = 2;

void setup()
{
  pinMode(led, OUTPUT);
  pinMode(sensor, INPUT);
}

void loop()
{
  if( digitalRead(sensor) == LOW )
    digitalWrite(led, HIGH);
```

```
    else
      digitalWrite(led, LOW);

    delay(100);
}
```

int led = 3;

　　기울기가 감지되었을 경우 알려주기 위한 LED 포트

int sensor = 2;

　　기울기 감지 센서의 DO(Digital Out)와 연결한 아두이노 연결 포트

pinMode(led, OUTPUT);

　　LED를 켜기 위해서 LED와 연결된 아두이노 포트를 OUTPUT으로 설정

pinMode(sensor, INPUT);

　　기울기감지 센서에서 입력을 디지털 입력을 받기 위해서 INPUT으로 설정

if(digitalRead(sensor) == LOW)

　　기울기감지 센서와 연결된 아두이노 포트를 읽어서 LOW이면 화재가 감지된 경우임

delay(100);

　　1초에 한 번씩 기울기를 감지하기 위해서 필요함.

실행결과

　　기울기 감지 센서가 삽입되어 있는 브래드보드를 좌위 혹은 앞뒤로 기울여보자. 그러면 브래드보드에 있는 LED가 켜질 것이다. 물론 기울기감지 센서 모듈에 있는 LED도 동시에 켜지게 된다. 브래드보드를 기울였을 때 제대로 반응하지 않는다면 기울기 센서에 있는 파란색 모양의 작은 가변저항을 십자드라이버를 이용해서 미세하게 조정한 이후에 테스트 하면 된다. 가변 저항을 이용하여 센서의 감도를 조정할 수 있다.

　　여기서 아쉬운 점은 기울기 감지 센서는 특정 각도로 기울였을 때 센서에 있는 금속원통

안의 구슬이 금속원통에 닿았을 때 만을 감지하기 때문에 기울기의 각도 등은 알 수가 없다. 조금 더 자세한 기울기 측정을 하기 위해서는 다음 Chapter에 있는 자이로 센서를 이용하면 가능하다.

7.6 진동 감지하기 – SW-18020D 진동 센서

진동 감지 실습은 진동 센서 모듈을 이용하여 진동을 감지하고 감지된 신호를 아두이노 보드로 입력하여 적절한 제어와 출력을 할 수 있는 실습이다. 진동 센서 모듈은 진동을 감지할 수 있는 모듈이다. 외부의 충격이나 진동에 의해 진동 센서 내부의 스프링이 좌우로 흔들리면서 스위치 ON/OFF 역할을 하게 되어 진동을 감지한다. 진동 센서 모듈은 아래의 그림과 같이 진동 센서, 비교기로 구성된다.

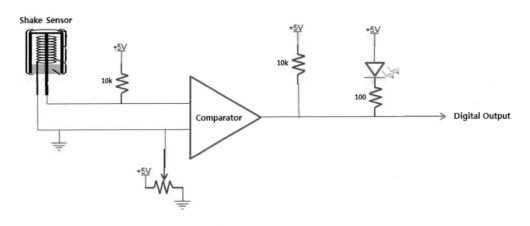

[그림 7-18] 진동(Shake) 감지 센서의 구성

진동 센서 모듈의 동작은 진동 감지가 있는 경우와 없는 경우의 동작이 있다. 우선 진동이 감지된 경우에는 진동 센서 입력 전압이 기준 전압을 설정하는 가변 저항 값에 따라 설정한 기준 전압보다 작으면 비교기에 LOW 값이 출력된다. 출력된 값은 위의 그림에서 보듯이 LED가 ON 된다. 하지만 진동 센서 입력 전압이 거의 없다면 기준 전압보다 커서 비교기에 HIGH 값이 출력된다. 그러므로 LED는 OFF 된다.

아래의 그림과 같이 진동이 발생하면 진동 센서의 두 핀이 연결되어 센서 출력 전압이 LOW로 출력된다. 비교기의 입력이 기준전압보다 작으면 비교기 출력은 LOW로 출력된다.

그러므로 LED는 ON 된다. 반대로 진동이 없으면 센서의 두 핀이 떨어져 센서 출력 전압이 HIGH로 출력된다. 비교기의 입력이 기준전압보다 크면 비교기 출력은 HIGH로 된다. 그러므로 LED는 OFF 된다.

[그림 7-19] 진동(Shake) 감지 센서의 동작

실험에 필요한 준비물들

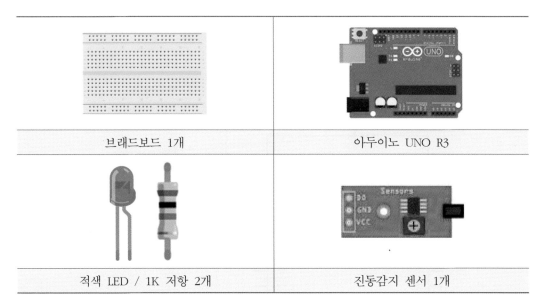

브래드보드 1개	아두이노 UNO R3
적색 LED / 1K 저항 2개	진동감지 센서 1개

하드웨어 연결

진동이 감지되었을 경우에 붉은색 LED를 켜기 위해서 LED를 아두이노 보드의 D3 포트에 연결하고 진동감지 센서의 출력 핀(DO - Data Out)을 아두이노 보드에서 입력으로 받아들이기 위해서 아두이노 보드의 D2에 연결을 한다.

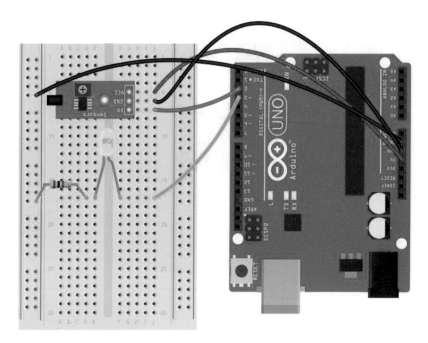

[그림 7-20]   진동 감지하기 배선도

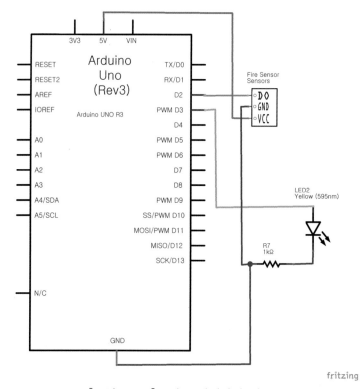

[그림 7-21]   진동 감지하기 회로도

프로그램 작성

스케치 코드는 화염감지 센서의 스케치 코드와 동일하다.

```
int led = 3;
int sensor = 2;

void setup()
{
  pinMode(led, OUTPUT);
  pinMode(sensor, INPUT);
}

void loop()
{
  if( digitalRead(sensor) == LOW )
    digitalWrite(led, HIGH);
  else
    digitalWrite(led, LOW);

  delay(100);
}
```

int led = 3;

진동이 발생하였을 경우 알려주기 위한 LED 포트

int sensor = 2;

진동감지 센서의 DO(Digital Out)와 연결한 아두이노 연결 포트

pinMode(led, OUTPUT);

LED를 켜기 위해서 LED와 연결된 아두이노 포트를 OUTPUT으로 설정

pinMode(sensor, INPUT);

진동감지 센서에서 입력을 디지털 입력을 받기 위해서 INPUT으로 설정

if(digitalRead(sensor) == LOW)

진동감지 센서와 연결된 아두이노 포트를 읽어서 LOW이면 진동이 감지된 경우임

delay(100);

1초에 한 번씩 진동을 감지하기 위해서 필요함.

실행결과

진동을 감지하는지 테스트하기 위해서 진동감지 센서가 삽입되어 있는 브레드보드를 흔들어 본자. 그러면 브래드보드에 있는 LED가 켜질 것이다. 물론 진동감지 센서 모듈에 있는 LED도 동시에 켜지게 된다. 진동에 제대로 반응하지 않는다면 진동감지 센서에 있는 파란색 모양의 작은 가변저항을 십자드라이버를 이용해서 미세하게 조정한 이후에 테스트하면 된다. 가변 저항을 이용하여 센서의 감도를 조정할 수 있다.

7.7   장애물과의 거리 감지하기 – 초음파센서

우리 일상생활에서 초음파가 활용되는 생각보다 많다. 예를 들면 인체 진단을 위한 초음파 검사기, 어업을 위한 어군 탐지기, 초음파 세척기, 가습기 등 귀에는 들리지 않지만 엄청나게 많은 분야에서 사용되고 있다.

초음파 센서를 이용해서 초음파 센서와 장애물과의 거리를 감지해 보자. 보통 인간의 가청 주파수는 16Hz~20kHz로 알려져 있다. 초음파란 인간의 가청 주파수를 넘어가는 20kHz 이상의 주파수를 가지는 음파를 이야기 한다. 즉 인간의 귀로 듣는 것을 목적으로 하는 음파는 아니다.

> ### 참 고
>
> **동물들이 내는 초음파 주파수의 범위**
> - 돌고래 : 약 170kHz
> - 박쥐 : 100Hz ~ 200kHz

아래 그림은 주파수별로 정리한 용어를 나타내었다. 이번에 우리가 사용하는 주파수는 20kHz~1GHz이므로 초음파(Ultrasonic)를 사용하여 실험을 하는 것이다.

	20Hz	20kHz	1GHz	1000GHz
Subsonic	**Audible sound**	**Ultrasonic**	**Hypersonic**	

[그림 7-22] 주파수대별 용어

우리가 사용하는 초음파 센서는 HC-SR04 기본적인 원리는 초음파를 발생하여 장애물에 의해서 반사되어 다시 돌아오기까지의 시간을 거리로 계산하는 것이다.

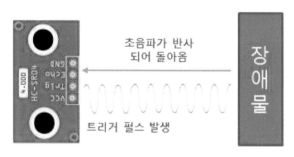

[그림 7-23] 초음파 센서의 작동원리

HC-SR04 초음파 센서는 송신과 수신이 분리되어 있는 센서이다. 자세한 사양을 알아보자.

- 동작 전압 : 5V
- 주파수 : 40kHz
- 최대 감지 거리 : 3m
- 최소 감지 거리 : 3cm

초음파 센서의 감지 거리가 3cm~3m라고 언급은 하였지만 모든 장애물질에 대해서 감지를 하고 있는 것은 아니다. 철사, 줄과 같은 초음파가 반사될 수 없는 가는 물체나 스펀지, 섬유, 눈 등과 같이 전파를 흡수하는 물체에서는 초음파 센서로 올바른 거리를 측정하기가 곤란하다.

실험에 필요한 준비물들

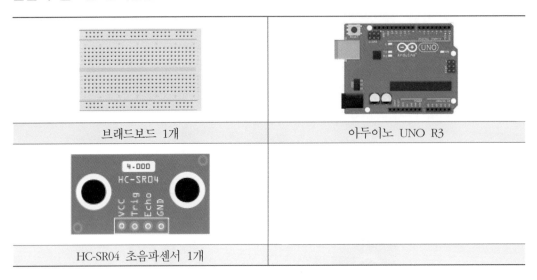

브래드보드 1개	아두이노 UNO R3
HC-SR04 초음파센서 1개	

하드웨어 연결

초음파 센서의 Trig핀을 아두이노 보드의 D13, Echo핀을 D12에 연결한다. 그리고 VCC는 아두이노 보드의 5V와 연결하고 당연히 GND끼리 연결하면 된다. 아래 그림을 참조하면 연결 배선이 복잡하지는 않다.

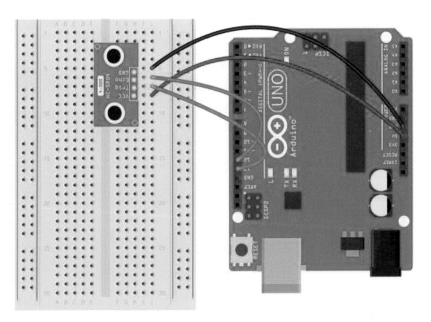

[그림 7-24] 초음파 센서를 이용한 장애물과의 거리 감지하기 배선도

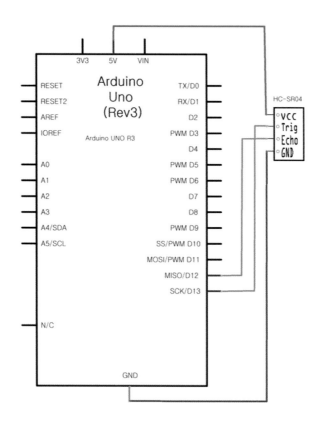

[그림 7-25] 초음파 센서를 이용한 장애물과의 거리 감지하기 회로도

프로그램 작성

아두이노 스케치에 아래와 같은 코드를 작성한다.

```
#define trigPin 13
#define echoPin 12

void setup()
{
  Serial.begin (9600);

  pinMode(trigPin, OUTPUT);
  pinMode(echoPin, INPUT);
}

long microsecondsToInches(long microseconds)
{
```

```
  // According to Parallax's datasheet for the PING))), there are
  // 73.746 microseconds per inch (i.e. sound travels at 1130 feet per
  // second).  This gives the distance travelled by the ping, outbound
  // and return, so we divide by 2 to get the distance of the obstacle.
  // See: http://www.parallax.com/dl/docs/prod/acc/28015-PING-v1.3.pdf
  return microseconds / 74 / 2;
}

long microsecondsToCentimeters(long microseconds)
{
  // The speed of sound is 340 m/s or 29 microseconds per centimeter.
  // The ping travels out and back, so to find the distance of the
  // object we take half of the distance travelled.
  return microseconds / 29 / 2;
}

void loop()
{
  long duration, inches, cm;

  digitalWrite(trigPin, LOW);
  delayMicroseconds(2);

  digitalWrite(trigPin, HIGH);
  delayMicroseconds(10);

  digitalWrite(trigPin, LOW);

  duration = pulseIn(echoPin, HIGH);

  // convert the time into a distance
  inches = microsecondsToInches(duration);
  cm = microsecondsToCentimeters(duration);

  Serial.print(inches);
  Serial.print("inch, ");
  Serial.print(cm);
  Serial.println(" cm");

  delay(100);
}
```

#define trigPin 13

아두이노 트리거 포트 번호

#define echoPin 12

아두이노 에코 포트 번호

Serial.begin (9600);

초음파센서의 실행 결과를 아두이노 시리얼 모니터 프로그램으로 출력하기 위해서 필요하다.

pinMode(trigPin, OUTPUT);

초음파 출력을 내보내기 위해서 OUTPUT 모드로 설정

pinMode(echoPin, INPUT);

반사되어 돌아오는 초음파를 입력으로 받기 위해서 INPUT 모드로 설정

long microsecondsToInches(long microseconds)

초음파이 반사되어 돌아온 시간을 거리(Inch)로 변환하는 함수로 초음파가 1인치 반사되어 돌아오는데 73.746 microseconds가 소요된다는 것을 이용하여 거리를 계산한다.

return microseconds / 74 / 2;

위의 계산식에서 74로 나눈 이후에 다시 2로 나누어주는 이유는 반사되어 돌아오는 시간을 계산하기 때문이다.

long microsecondsToCentimeters(long microseconds)

초음파이 반사되어 돌아온 시간을 거리(Cm)로 변환하는 함수로 초음파가 1센티미터 반사되어 돌아오는데 29 microseconds 가 소요된다는 것을 이용하여 거리를 계산한다.

return microseconds / 29 / 2;

위의 계산식에서 29로 나눈 이후에 다시 2로 나누어주는 이유는 반사되어 돌아오는 시간을 계산하기 때문이다.

digitalWrite(trigPin, LOW);
delayMicroseconds(2);
digitalWrite(trigPin, HIGH);
delayMicroseconds(10);
digitalWrite(trigPin, LOW);

　　　트리거 신호를 발생시키는 코드이다.

duration = pulseIn(echoPin, HIGH);

　　　pulseIn() 함수는 echoPin 포트가 HIGH가 될 때까지의 시간을 microseconds 단위로 리턴해
　　　준다.

inches = microsecondsToInches(duration);
cm = microsecondsToCentimeters(duration);

　　　각각 인치와 센티미터로 변환을 수행해 주는 함수를 이용해서 시간을 거리로 변환한다.

실행결과

　초음파 센서를 테스트 하는 방법은 간단하다. 아두이노 보드에 위의 스케치 코드를 업로
드 하고 초음파 센서를 간단하게는 손이나 초음파 센서를 흡수하지 않는 물체를 이용해서
가리게 되면 아두이노 시리얼 모니터에 초음파 센서와 장애물과의 거리를 inch와 cm로
나누어서 표시를 해준다.

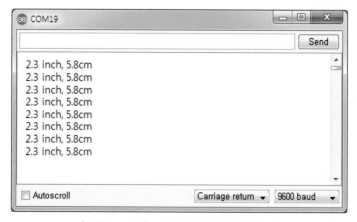

[그림 7-24] 초음파 센서 실행결과

모터 제어하기

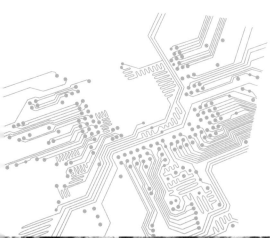

08
C/H/A/P/T/E/R

모터가 사용되는 분야는 굉장히 광범위 하다. Desktop PC의 DVD ROM, HDD에도 모터가 사용이 되고 런닝 머신, 전동드릴, 선풍기 등 전력에 의해서 뭔가가 움직이는 분야에는 거의 모두 모터가 사용되고 있다. 모터의 종류에도 여러 가지가 많지만 이번 장에서는 앞 장에서 디지털 입출력 관련 동작들과 센서사용 법에 관한 내용에 이어 DC모터, 서보모터, 스텝모터의 제어에 대해 살펴본다.

8.1   소형 DC 모터 사용하기

작은 DC 모터들은 무선 조종 자동차와 보트, 전기 자동차 창문, DVD 플레이어 등 다양한 장치에서 찾아 볼 수 있다. 소형 모터들은 일반적으로 1.5에서 30 볼트의 전원을 사용한다. 그리고 모터 제조사들은 모터들에 대한 사용법을 제공해 준다. 모터를 구매할 수 있는 곳은 다양하다. 요즘은 온라인 쇼핑몰이 잘 되어 있어 온라인에서 쉽게 구매 가능하다.

모터에 권장 이상의 전압을 가하면 모터의 코일이 손상된다. 그리고 너무 적은 전류는 모터를 구동할 수 없다. 모터는 정회전과 역회전이 가능한데 DC모터에서는 역회전을 하려면 연결된 전원 선을 반대로 연결해 주면 된다. 작은 모터로 큰 힘을 내려고 하면 기어 박스를 사용한다. 기어 박스는 고속 회전을 내는 DC 모터에 큰 출력의 힘(Torque)을 낼수 있도록 만들어 준다. 아두이노 보드는 모터를 충분히 구동할 수 있는 전류를 제공하지 못한다.

그래서 모터를 구동하기 위해 외부 전원을 공급해 주어야 한다. 아두이노 보드를 이용하면 모터의 On/Off와 속도 조절도 가능하다.

이번 실험에서 기어박스가 있는 DC모터와 모터를 정회전과 역회전을 시키기 위해서 L293B 모터 구동 드라이버 IC를 사용할 것이다. L293B는 각 채널당 최대 1A의 전류를 공급하여 모터를 2개까지 구동할 수 있다.

[그림 8-1] 기어박스가 장착된 모터

기어박스가 있는 DC모터는 무선 RC자동차, 탱크 등의 바퀴를 구동하는데 응용해서 사용하기에 적당하다.

실험에 필요한 준비물들

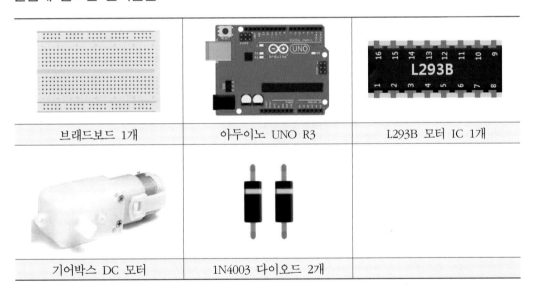

브래드보드 1개	아두이노 UNO R3	L293B 모터 IC 1개
기어박스 DC 모터	1N4003 다이오드 2개	

하드웨어 연결

4개의 다이오드와 L293B IC를 아래 그림과 같이 아두이노와 연결해 주면 되는데, 부품을 배치하기 전에 L293B IC의 각 핀들의 이름과 기능에 대해서 먼저 알아보자.

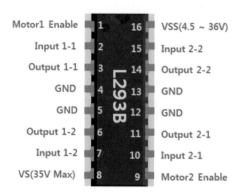

[그림 8-2] L293B 핀 배치도

핀 번호	핀 설명
1	- Motor1 Enable - DC 모터의 경우 모터 1번의 회전 속도를 결정 - 1번 핀을 HIGH로 주면 최대의 회전 속도를 내고 PWM을 이용하여 AnalogWrite(핀번호, 128) 함수를 사용하면 모터의 회전속도를 50%로 조정할 수 있다. - 1번 핀을 LOW로 주면 1번 모터가 동작하지 않는다.
2	- 모터 Input 1-1 - Input 1-1, Input 1-2는 1번 모터의 회전 방향을 결정한다. - Input 1-1 을 HIGH로 주고 Input 1-2를 LOW로 설정하면 정 방향으로 모터가 움직이고 반대로 Input 1-1을 LOW로 주고 Input 1-2를 HIGH로 설정하면 역 방향으로 모터가 움직인다. 이것을 표로 정리해 보자. {표} <table><tr><td>모터 회전 방향</td><td>Input 1-1</td><td>Input 1-2</td></tr><tr><td>정방향</td><td>HIGH</td><td>LOW</td></tr><tr><td>역방향</td><td>LOW</td><td>HIGH</td></tr></table>
3	- 모터 Output 1-1 - Output 1-2 핀과 함께 DC 모터에 있는 2개의 연결선 중에 한쪽에 연결
4,5	- GND
6	- 모터 Output 1-2 - Output 1-1 핀과 함께 DC 모터에 있는 2개의 연결선 중에 한쪽에 연결
7	- 모터 Input 1-2 - Input 1-1 참조
8	- 모터 구동 전원(최대 36V)
9, 10, 11	- Motor1 참조
12,13	- GND
14,15	- Motor1 참조
16	- 모터 구동 IC 구동 전원(4.5~36V)

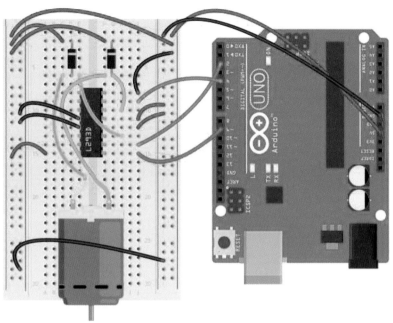

[그림 8-3] DC모터 제어하기 배선도

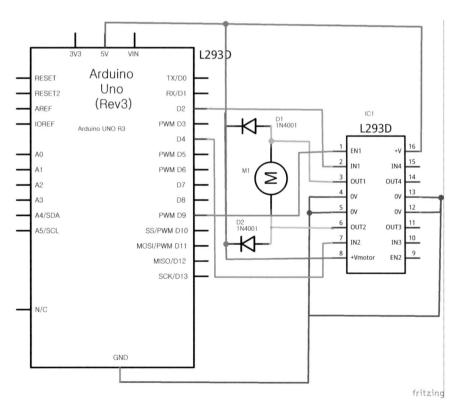

fritzing

[그림 8-4] DC모터 제어하기 배선도

위의 그림에서 모터드라이버 IC의 이름이 L293D로 되어 있지만 실험에서 사용한 드라이버 IC는 L293B를 사용하는 것이 맞다.

프로그램 작성

아두이노 스케치에 아래와 같은 코드를 작성한다.

```
#define motor1EnablePin 9
#define motor1_1        2
#define motor1_2        4

void setup()
{
  pinMode(motor1_1, OUTPUT);
  pinMode(motor1_2, OUTPUT);
  analogWrite(motor1EnablePin, 0);
}

void loop()
{
  digitalWrite(motor1_1, HIGH);
  digitalWrite(motor1_2, LOW);
  analogWrite(motor1EnablePin, 1023);
  delay(2000);
  analogWrite(motor1EnablePin, 50);
  analogWrite(motor1EnablePin, 0);
  delay(1000);

  digitalWrite(motor1_1, LOW);
  digitalWrite(motor1_2, HIGH);
  analogWrite(motor1EnablePin, 128);
  delay(2000);
  analogWrite(motor1EnablePin, 50);
  analogWrite(motor1EnablePin, 0);
  delay(1000);
}
```

#define motor1EnablePin 9

    DC 모터의 속도를 조정할 수 있는 아두이노 보드의 포트번호

#define motor1_1   2

    L293B 모터드라이버 IC의 Input 1-1과 연결된 아두이노 보드의 포트번호

#define motor1_2   4

    L293B 모터드라이버 IC의 Input 1-2과 연결된 아두이노 보드의 포트번호

pinMode(motor1_1, OUTPUT);
pinMode(motor1_2, OUTPUT);

    모터드라이버 IC의 Input 1-1과 Input 1-2를 제어하기 위해서 출력으로 설정한다.

analogWrite(motor1EnablePin, 0);

    초기에는 DC모터의 속도를 0으로 한다.

digitalWrite(motor1_1, HIGH);
digitalWrite(motor1_2, LOW);

    DC 모터를 정 방향으로 회전하도록 설정한다.

analogWrite(motor1EnablePin, 1023);

    DC 모터를 정 방향으로 가장 빠르게 회전시킨다.

analogWrite(motor1EnablePin, 50);
analogWrite(motor1EnablePin, 0);

    DC 모터의 속도를 서서히 감소시키다가 멈추도록 한다.

digitalWrite(motor1_1, LOW);
digitalWrite(motor1_2, HIGH);

    DC 모터를 역 방향으로 회전하도록 설정한다.

analogWrite(motor1EnablePin, 128);

    모터의 속도를 1/10 속도로 회전시키도록 한다.

실행결과

2초에 한번씩 DC 모터가 정 방향으로 회전했다가 역방향으로 회전하기를 반복한다. 이 코드를 잘 이용하면 DC 모터를 사용한 RC카 등에서 리모컨을 이용해서 자동차의 속도를 조절하는데 응용할 수도 있고 생각해 보면 응용 범위는 무수히 많다.

8.2 서보모터 제어하기

서보 모터는 RC 장난감에서 흔히 볼 수 있다. 비행기의 날개, 보트의 방향키, 자동차의 앞 바퀴 조향 장치에 들어가 있다. 서보 모터는 기어로 되어 있어 설정한 각도로 돌릴 수 있다. 일반적으로 0에서 180도까지 움직일 수 있고, 4.8V 전원을 공급한다.

실험에 필요한 준비물들

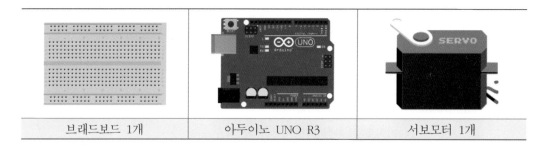

브래드보드 1개	아두이노 UNO R3	서보모터 1개

하드웨어 연결

서보 모터를 제어하기 위한 배선 연결은 DC 모터보다는 단순하다. 서보 모터에는 3개의 디드선이 나와 있는데 붉은색은 5V 전원에 검은색은 GND에 연결하고 노란색은 아두이노 보드의 D8 출력포트에 연결한다.

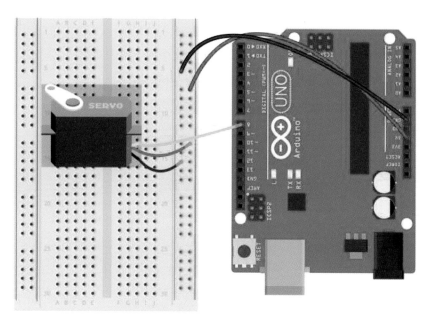

[그림 8-5] 서보모터 제어하기 배선도

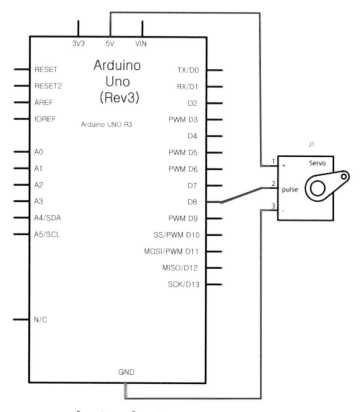

[그림 8-6] 서보모터 제어하기 회로도

프로그램 작성

아두이노에는 이미 서보 모터를 제어하기 위한 훌륭한 라이브러리를 갖추고 있다. 뿐만 아니라 다음 절에서 다루게될 스테핑 모터 제어 라이브러리도 있다.

```
#include 〈Servo.h〉

int motor_control = 8;
Servo servo;

void setup()
{
  servo.attach(motor_control);
}

void loop()
{
  int i;

  servo.write(0);
  delay(1000);

  for(i=0;i<180;i+=10)
  {
    servo.write(i);
    delay(20);
  }

  delay(1000);
}
```

#include 〈Servo.h〉

> 서보모터 라이브러리를 사용하기 위해서 반드시 추가해 주어야 한다. 다시 말하지만 아두이노 개발환경에서 인클루드 헤더 파일은 대소 문자를 구분하기 때문에 유의해서 코드를 작성해야 한다.

int motor_control = 8;

> 서보모터의 가운데 리드선인 펄스 핀과 연결된 아두이노 보드의 포트 번호

Servo servo;

　　서보모터 제어 라이브러리를 사용하기 위한 변수 선언

servo.attach(motor_control);

　　서보모터에 펄스를 공급해줄 아두이노 보드의 포트 번호를 라이브러리에 전달해 준다.

servo.write(0);

　　서보모터의 각도를 0도로 초기화한다.

```
for(i=0;i < 180;i+=10)
{
  servo.write(i);
  delay(20);
}
```

　　서보모터를 0도에서 10도씩 180도가 될 때까지 회전을 시킨다.

실행결과

　실행을 시키면 1초에 한 번씩 서보 모터가 0도~180도까지 10도씩 회전하고 다시 1초 후에 0도로 돌아온 이후에 0도~180도까지 10도씩 회전하기를 반복한다. 테스트를 해보면 서보 모터는 DC모터와 스테핑 모터와 다르게 0~360도를 회전하지 않고 180도까지만 회전하는 특징을 가지고 있다.

8.3　스테핑 모터

　스텝모터는 정교한 움직임을 제어할 수 있는 모터이다. 그래서 이 모터는 정밀한 제어가 필요한 3D 프린터나 CNC 가공기 등에 사용된다. 스텝모터는 프린터기 헤드나 종이 공급기에 보면 많이 사용된다.

　스텝모터의 구분은 일반적으로 모터의 크기에 따라 분류된다. 그리고 같은 외형 크기에서도 모터의 길이가 더 긴 것은 더 큰 힘을 낼 수 있다. 스텝모터에는 유니폴라와 바이폴라 두 종류가 있는데, 정밀하면서도 강한 힘을 필요로 하면 바이폴라 모터를 사용하면 되고, 간단한 프로젝트에 저가형 제품이 필요하면 유니폴라 모터를 선택하면 된다. 그러면 스테핑 모터의 구조와 제어 방식에 대해서 구체적으로 알아보자.

스테핑 모터의 종류

스테핑 모터는 회전자(Rotor)의 종류에 따라서 크게 3가지로 구분한다.

- 영구자석(Permanent Magnet)

  회전자(Rotor)가 N/S 극성을 갖는 영구자석으로 자화되어 있다.
- 가변 릴럭턴스(Variable Reluctance))

  회전자(Rotor)가 자석의 성분은 갖지 않지만 마지 기어의 톱니와 같이 회전자의 표면에 홈이 새겨져있다.
- 하이브리드(Hybrid)

  회전자(Rotor)가 N/S 극성도 가지며, 표면에 홈이 새겨져 있다.

참고로 우리가 이번 실험에 사용할 모터는 영구자석을 사용하게 될 것 이다.

스테핑 모터의 구조

스테핑 모터를 분해를 해보면 아래 그림과 같은 구조로 되어 있다. 크게는 회전자(Rotor)와 고정자(Stator)로 구성되어 있다.

스테핑 모터	스테핑 모터 분리도			
스텝모터	덮개	회전자(Rotor)	고정자(Stator)	덮개

[그림 8-7] 스테핑 모터분리도

스테핑 모터의 구동 원리

아래 그림과 같이 스테핑 모터는 권선 즉, 4선(바이폴라 모터), 혹은 6선(유니폴라 모터)에 전류를 순서대로 흘려보냄으로서 고정자와 회전자 사이에 전자기력을 발생시켜 모터의 중간에 있는 회전자(Rotor)를 자기력에 의해서 회전시키는 것이다.

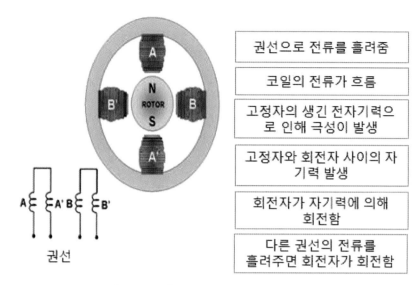

[그림 8-8] 스테핑 모터의 구동원리

권선으로 전류를 흘려줌	
코일의 전류가 흐름	
고정자의 생긴 전자기력으로 인해 극성이 발생	
고정자와 회전자 사이의 자기력 발생	
회전자가 자기력에 의해 회전함	
다른 권선의 전류를 흘려주면 회전자가 회전함	

실험에 필요한 준비물들

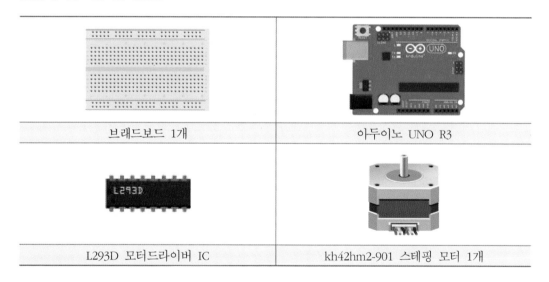

브래드보드 1개	아두이노 UNO R3
L293D 모터드라이버 IC	kh42hm2-901 스테핑 모터 1개

하드웨어 연결

간단하게 스테핑 모터에 대해서 알아보았고 이제 실제로 결선을 하여 스테핑 모터를 구동시켜 보자. L293D IC를 아래 그림과 같이 아두이노와 연결해 주면 되는데, 부품을 배치하기 전에 L293D IC의 각 핀들의 이름과 기능에 대해서 먼저 알아보자.

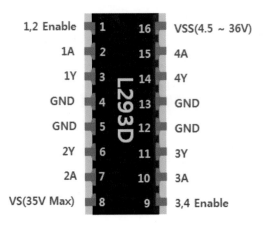

[그림 8-8] L293D 핀 배치도

핀 번호	핀 설명
1	- 1,2 Enable - 1번 핀을 HIGH로 설정해야 스테핑 모터를 구동시킬 수 있다. - 1번 핀을 LOW로 주면 스테핑 모터가 동작하지 않는다.
2	- 1A(IN1) - 스테핑 모터의 A 제어 - 아두이노 보드의 D8 포트에 연결한다.
3	- 1Y(OUT1) - 스테핑 모터의 3번 선과 연결한다.
4,5	- GND
6	- 2Y(OUT2) - 스테핑 모터의 1번 선과 연결한다.
7	- 2A(IN2) - 스테핑 모터의 A' 제어 - 아두이노 보드의 D9 포트에 연결한다.
8	- 모터 구동 전원(최대 36V)
9	- 3,4 Enable - 9번 핀을 HIGH로 설정해야 스테핑 모터를 구동시킬 수 있다. - 9번 핀을 LOW로 주면 스테핑 모터가 동작하지 않는다.
10	- 3A(IN3) - 스테핑 모터의 B 제어 - 아두이노 보드의 D10 포트에 연결한다.
11	- 3Y(OUT3) - 스테핑 모터의 6번 선과 연결한다.
12,13	- GND

14	- 4Y(OUT4) - 스테핑 모터의 4번 선과 연결한다.
15	- 4A(IN4) - 스테핑 모터의 B' 제어 - 아두이노 보드의 D11 포트에 연결한다.
16	- 모터 구동 IC 구동 전원(4.5~36V)

　　L293D는 바이폴라와 유니폴라 모터에서 두 종류 모두 사용할 수 있다. 실험에서 사용하는 스텝 모터는 유니폴라 모터를 사용한다. 아두이노 디지털 포트 D8번부터 D11번을 L293D의 제어 핀에 회로도와 같이 연결한다. 유니폴라 모터 결선을 할 때 6선이 나와 있는데 L293D와는 4개의 선만 연결하면 된다. 모터의 중간에 있는 2번과 5번 라인은 연결하지 않아도 된다.

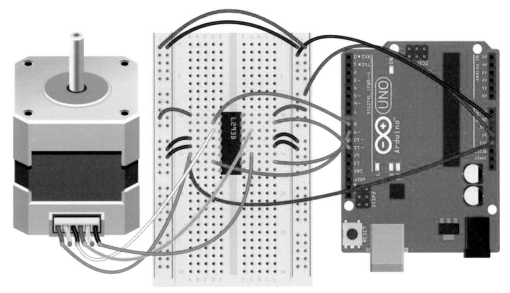

[그림 8-10]　스테핑 모터 제어하기 배선도

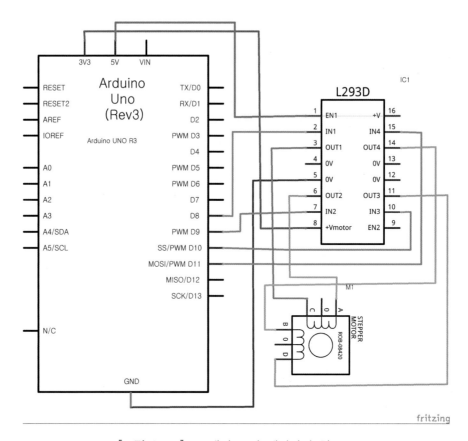

[그림 8-11] 스테핑 모터 제어하기 회로도

프로그램 작성

아래 스케치 코드는 스텝 모터를 한 스텝씩 움직이게 하는 코드이다. 다행히 아두이노에서는 유니폴라와 바이폴라를 지원하는 스테핑모터 라이브러리를 제공한다. 이러한 라이브러리가 없다면 아마도 스테핑 모터 구동을 하는 스케치 코드를 작성하는 것이 쉽지만은 않았을 것이다.

```
#include ⟨Stepper.h⟩

const int stepsPerRevolution = 200;
Stepper myStepper(stepsPerRevolution, 8,9,10,11);

void setup()
{
   myStepper.setSpeed(100);
}

void loop()
{
   int i;

   for(i=0;i⟨200;i++)
   {
       myStepper.step(1);
       delay(10);
   }

   for(i=0;i⟨200;i++)
   {
       myStepper.step(-1);
       delay(10);
   }
}
```

#include ⟨Stepper.h⟩

　　스테핑 모터 라이브러리를 사용하기 위해서 헤더 파일을 추가해주어야 한다.

const int stepsPerRevolution = 200;

　　우리가 사용하는 스테핑 모터는 1스텝에 1.8도를 회전하는 모터이다. 그러므로 360도를 회전하기 위해서는 200 Resolution을 갖는다. 예를 들어 모터가 스텝 각이 1.5도이면 360 / 1.5 = 2400| 된다. 이 말은 모터가 한 바퀴 도는데 240 번의 스텝이 필요하다는 것이다.

Stepper myStepper(stepsPerRevolution, 8,9,10,11);

　　스테핑 모터 라이브러리를 초기화 한다. A–A'–B–B'를 제어하는 아두이노 보드의 디지털 포트를 순차적으로 나열하면 된다.

myStepper.setSpeed(100);

> setSpeed() 함수는 1분당 모터의 회전수를 설정하는 함수이다. 이 함수는 모터를 실제로 회전하게 하는 함수는 아니지만, 회전 시 회전 속도를 조절할 수 있다.

myStepper.step(1);

> 실제로 스테핑 모터를 회전시키는 함수이다. 여기서 "1"이라는 값은 200이라는 Resolution 을 갖는 스테핑 모터를 200 스텝 중 1스텝을 회전하라는 것이다. 스테핑 모터를 반대로 회전시키기 위해서는 이 함수에 마이너스 값을 넘겨주면 된다.

실행결과

스케치 코드를 실행시키면 정회전과 역회전을 200 스텝으로 360도씩 반복해서 회전한다. 실행 시에 주의해야할 사항은 L293D IC는 오랫동안 사용하게 되면 과열이 되어서 오동작을 할 수 있다. 그래서 실제 제품을 구현하는 경우에는 L293D IC에 알루미늄 등의 방열판을 부착하여 열을 식히거나 냉각팬을 가동시켜 과열이 되는 것을 방지해야 한다. 이것은 스테팅 모터도 마찬가지이기 때문에 보통 모터를 장시간 쉬지 않고 사용하기 이해서는 모터에도 냉각팬을 설치하여 열을 식히면서 사용해야 한다.

디지털 통신 인터페이스

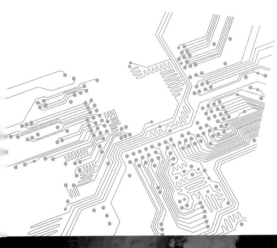

09

C/H/A/P/T/E/R

9.1　디지털 통신 인터페이스 개요

　I2C와 SPI 통신은 센서들과 아두이노 보드를 간단히 연결해서 사용할 수 있는 통신방식이다. 아두이노에서는 I2C와 SPI를 라이브러리로 제공하고 있어 사용자는 단순히 라이브러리를 호출해서 사용하면 된다.

　I2C는 2개의 신호선 만을 이용하여 여러 장치들을 아주 쉽게 아두이노와 연결할 수 있다. 그리고 이 2개의 선을 통해 신호를 통신한다. 그렇지만 I2C 통신은 SPI에 비해 통신속도가 느리다. I2C의 신호선 들에는 반드시 풀 업 저항을 달아 사용해야 한다.

　SPI는 입력과 출력 연결이 분리되어 있어 동시에 읽고 쓰기를 할 수 있으므로 데이터 전송 속도가 빠르다. 그렇지만 장치별로 선택하기 위해 각각의 연결선이 필요하다. 그래서 대용량의 데이터 전송이 필요한 이더넷이나 메모리 카드는 SPI 통신을 사용하게 된다.

　I2C 통신을 통해서 인터페이스하는 주변 장치들은 주로 카메라 센서, 자이로센서, 가속도 센서 등이 있고 SPI 통신을 통해서 인터페이스하는 주변 장치들은 MP3 코덱, 저속 SD 메모리 카드, SPI 플래시 메모리 등에 주로 사용이 되고 있다.

9.2　I2C 통신 규약

　I2C 통신 규약에 대해서 자세히 알지 못해도 아두이노에서 I2C 통신을 이용해서 실험을 하는 데에는 아무 문제도 되지 않는다. 이미 아두이노에는 쉽게 바로 사용이 가능한 I2C 라이브러리를 제공하고 있기 때문이다. I2C 통신에 대해서 완전하게 이해하기를 원하는 독자만 이 절을 읽어도 된다.

　I2C 통신은 SCL(Serial clock)과 SDA(Serial data)의 2개의 통신선을 이용하여 주변의 저속 디바이스들과 연결된다. 아두이노 보드에서는 아날로그 핀 5번을 SCL로 사용하고 아날로그 핀 4번을 SDA로 사용한다. 단, Mega 보드에서는 디지털 20번 핀을 SDA로 21번 핀을 SCL로 사용한다. 우리는 아두이노 Mega 보드가 아닌 아두이노 UNO R3 보들 사용할 것이다.

　I2C 버스에는 하나의 마스터와 하나 이상의 슬레이브를 연결해서 통신할 수 있다. 마스터는 SCL 클럭을 움직이고 통신의 시작과 끝을 제어하는 주체이다. 슬레이브는 이 클럭 신호에 동기화해서 데이터를 내어주거나 받게 된다.

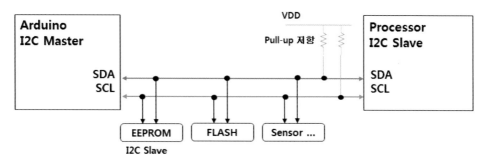

[그림 9-1] I2C 통신 구성 예

여러 개의 슬레이브 디바이스가 I2C 버스에 연결되어 있을 때, 각각의 슬레이브 디바이스들은 각자 고유한 어드레스를 가지게 된다. I2C 통신을 마스터가 시작하게 되면 통신하고자 하는 슬레이브 디바이스의 어드레스가 가장 먼저 날아오게 된다.

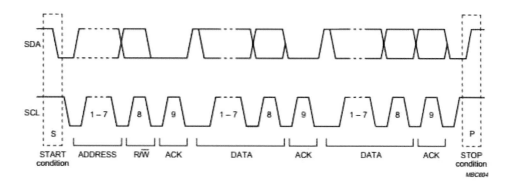

[그림 9-2] I2C 데이터 통신 구조

I2C통신은 위의 그림과 같이 Start 조건으로 시작해서 Sop 조건으로 한 통신이 이루어진다.

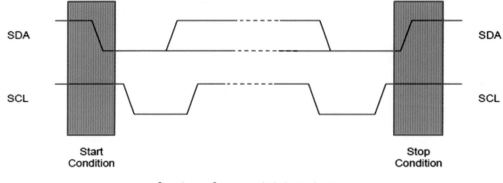

[그림 9-3] I2C 데이터 통신 구조

위의 그림을 보면 SCL 라인이 HIGH인 상태에서 SDA가 LOW로 내려가면 I2C 통신의 시작을 알리는 Start 조건이 된다. 그 이후로 슬레이브의 어드레스 데이터가 나가게 되고 마스터에서 슬레이브로 데이터를 Write하는 통신(LOW)인지 아니면 Read하는 통신 (HIGH)인지 구분하는 1개의 비트가 오고 그다음에 ACK와 실제 DATA 그리고 마지막으로 SCL이 HIGH인 상태에서 SDA가 LOW에서 HIGH로 가면 Stop 조건이 되어서 I2C 통신이 종료가 된다.

9.3 I2C 통신으로 자이로 센서 사용하기 – L3G4200D

이번 절에서는 I2C통신을 이용하여 L3G4200D 자이로 센서 모듈에서 데이터를 가져 오는 실험을 해보도록 하겠다. 자이로 센서란 각속도를 측정하는 모듈로 한축을 기준으로 단위시간에 물체가 회전한 각도의 값을 수치로 알려주는 센서이다. 이러한 기능으로 최근 에 스마트폰에서 모션 인식 기능으로 많이 사용이 되고 있다.

스마트 폰으로 즐기는 자동차 게임 중 버튼을 이용하지 않고 모션으로 운전을 하거나 비행 시뮬레이션 게임 등이 자이로 센서를 이용한 것이다. 스마트 폰 이외에도 쿼드콥터, 드론 비행체 등에서 널리 이용되고 있다.

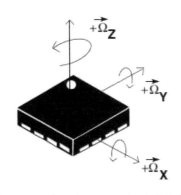

[그림 9-4] 자이로 센서 회전각 축

　자이로 센서의 위의 그림에서와 같이 3개의 출력 데이터가 있는데 x축을 기준으로 x축은 좌우의 회전각(roll), y축은 앞뒤의 회전각(pitch), z축은 평면에서의 회전각(yaw)의 출력을 갖는다.

실험에 필요한 준비물들

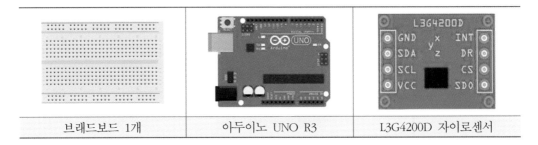

브래드보드 1개	아두이노 UNO R3	L3G4200D 자이로센서

하드웨어 연결

　L3G4200D 자이로센서 모듈 왼쪽에 SDA, SCL, GND, VCC라고 표기된 4핀을 아두이노 보드와 연결한다. 자이로센서 모듈에 SDA와 SCL핀은 I2C 통신을 위한 핀으로 SDA는 아날로그 포트 A4번에 SCL은 아날로그 포트 A5번에 연결한다.

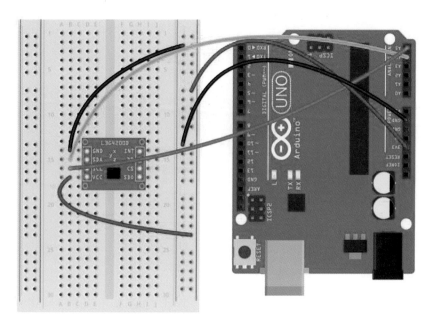

[그림 9-5] 자이로 센서 I2C 방식 배선도

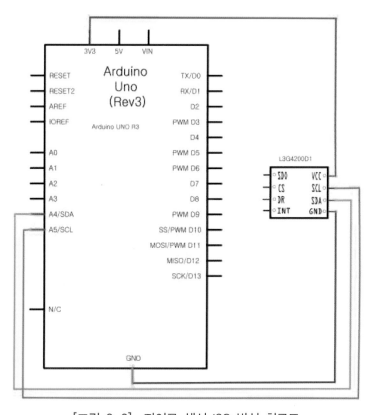

[그림 9-6] 자이로 센서 I2C 방식 회로도

L3G4200D 자이로 센서와 아두이노 보드사이의 연결을 표로 정리하였다.

L3G4200D 자이로 센서 모듈	아두이노 보드
GND	GND
VCC	3.3V
SCL	A5
SDA	A4

프로그램 작성

자이로 센서의 데이터 출력이 디지털(I2C) 통신으로 출력되어 코드가 조금 복잡하다.
아래 코드에서 실제로 I2C 통신 부분을 구현한 함수는 writeRegister 와 readRegister 함수
이다. I2C 통신에서 마스터는 아두이노 보드가 되는 것이고 L3G4200D는 슬레이브 디바이
스에 해당된다.

슬레이브 디바이스인 L3G4200D의 주소는 L3G4200D_Address = 105이다. writeRegister
와 readRegister 함수에서 L3G4200D를 호출하면 자이로 센서에서 값을 읽거나 쓸 수 있게
된다.

```
#include 〈Wire.h〉

#define CTRL_REG1 0x20
#define CTRL_REG2 0x21
#define CTRL_REG3 0x22
#define CTRL_REG4 0x23
#define CTRL_REG5 0x24

int L3G4200D_Address = 105; //I2C address of the L3G4200D

int x;
int y;
int z;

void setup()
{

  Wire.begin();
  Serial.begin(9600);
```

```
    Serial.println("starting up L3G4200D");
    setupL3G4200D(2000); // Configure L3G4200  - 250, 500 or 2000 deg/sec

    delay(1500); //wait for the sensor to be ready
}

void loop()
{
    getGyroValues();  // This will update x, y, and z with new values

    Serial.print("x=");
    Serial.print(x, DEC);
    Serial.print("\t");
    Serial.print("y=");
    Serial.print(y, DEC);
    Serial.print("\t");
    Serial.print("z=");
    Serial.print(z, DEC);
    Serial.print("\t");
    Serial.println();

    delay(100); //Just here to slow down the serial to make it more readable
}

void getGyroValues()
{
    byte xMSB = readRegister(L3G4200D_Address, 0x29);
    byte xLSB = readRegister(L3G4200D_Address, 0x28);

    // 8bit 데이터 출력 2개를 16bit x 변수에 저장하기 위해서 쉬프트(<< 8) 연산자와
    // or( | ) 연산자를 이용하였다.
    x = ((xMSB << 8) | xLSB);

    byte yMSB = readRegister(L3G4200D_Address, 0x2B);
    byte yLSB = readRegister(L3G4200D_Address, 0x2A);
    y = ((yMSB << 8) | yLSB);

    byte zMSB = readRegister(L3G4200D_Address, 0x2D);
    byte zLSB = readRegister(L3G4200D_Address, 0x2C);
    z = ((zMSB << 8) | zLSB);
}
```

```
int setupL3G4200D(int scale)
{
  // Enable x, y, z and turn off power down:
  // 숫자 앞에 "0b" 가 들어가면 이것은 2진수를 의미 한다.
  writeRegister(L3G4200D_Address, CTRL_REG1, 0b00001111);

  // If you'd like to adjust/use the HPF,
  // you can edit the line below to configure CTRL_REG2:
  writeRegister(L3G4200D_Address, CTRL_REG2, 0b00000000);

  // Configure CTRL_REG3 to generate data ready interrupt on INT2
  // No interrupts used on INT1, if you'd like to configure INT1
  // or INT2 otherwise, consult the datasheet:
  writeRegister(L3G4200D_Address, CTRL_REG3, 0b00001000);

  // CTRL_REG4 controls the full-scale range, among other things:
  if(scale == 250){
    writeRegister(L3G4200D_Address, CTRL_REG4, 0b00000000);
  }else if(scale == 500){
    writeRegister(L3G4200D_Address, CTRL_REG4, 0b00010000);
  }else{
    writeRegister(L3G4200D_Address, CTRL_REG4, 0b00110000);
  }

  // CTRL_REG5 controls high-pass filtering of outputs, use it
  // if you'd like:
  writeRegister(L3G4200D_Address, CTRL_REG5, 0b00000000);
}

void writeRegister(int deviceAddress, byte address, byte val)
{
    Wire.beginTransmission(deviceAddress); // start transmission to device
    Wire.write(address);        // send register address
    Wire.write(val);          // send value to write
    Wire.endTransmission();       // end transmission
}

int readRegister(int deviceAddress, byte address){

    int v;
    Wire.beginTransmission(deviceAddress);
```

```
    Wire.write(address); // register to read
    Wire.endTransmission();

    Wire.requestFrom(deviceAddress, 1); // read a byte

    while(!Wire.available()) {
        // waiting
    }

    v = Wire.read();
    return v;
}
```

#include 〈Wire.h〉

I2C 시리얼 통신을 하기 위해서 인클루드 한다.

#define CTRL_REG1 0x20
#define CTRL_REG2 0x21
#define CTRL_REG3 0x22
#define CTRL_REG4 0x23
#define CTRL_REG5 0x24

L3G4200D 자이로 센서의 레지스터 번호를 정의

int L3G4200D_Address = 105; //I2C address of the L3G4200D

L3G4200D 자이로 센서의 I2C 슬레이브 주소이다. 슬레이브 주소는 I2C 통신 인터페이스를 가지고 있는 디바이스 별로 모두 다르게 정의되어 있다.

int x;
int y;
int z;

자이로 센서의 출력 결과를 저장할 변수를 정의 x, y, z의 출력값은 각각 roll, pitch, yaw의 출력 데이터이다.

Wire.begin();

I2C 통신을 사용하기 위해서 초기화 하는 함수를 호출한다.

Serial.begin(9600);

> 아두이노 시리얼 모니터로 자이로 센서의 데이터를 출력하기 위해서 초기화

setupL3G4200D(2000); // Configure L3G4200 - 250, 500 or 2000 deg/sec

> 자이로 센서를 초기화하는 함수 호출

delay(1500); //wait for the sensor to be ready

> 자이로 센서가 동작 가능한 상태가 되는 시간을 기다린다.

Serial.print(x, DEC);

> Serial.print() 함수의 2번째 인자에 DEC라는 인자를 넘기는 첫 번째 인자 x의 데이터를
> 10진수로 출력을 하라는 의미이다.

Serial.print("\t");

> "\t"는 특수 문자 출력으로 TAB을 출력하도록 한다.

나머지 함수들에 대한 설명은 스케치코드에 있는 주석을 참조하기 바란다. 위의 스케치코드를 완벽하게 이해하기 이해서는 L3G4200D 자이로 센서의 데이터시트를 완벽하게 이해하고 있어야 한다. L3G4200D 자이로 센서의 데이터시트에 대한 완벽한 설명에 대한 것은 이 책이 원래 의도하는 사항은 아니며 책의 범위를 넘어서는 내용이 될 것 같아 사용법에 대한 설명한 하였다. L3G4200D 자이로 센서에 대한 모든 내용을 완벽하게 알고자 하는 독자는 http://cafe.naver.com/avrstudio 혹은 http://www.jkelec.co.kr에 접속하여 데이터시트를 다운받아 분석해 보기 바란다.

실행결과

브레드보드에 연결된 자이로센서를 좌우 or 앞뒤 등으로 움직여 보자. x축을 위로 하여 좌우로 기울여 보면 x축의 데이터 값이 변화하는 것을 알 수 있다. 아두이노 시리얼 모니터를 통해 아래 그림과 같이 자이로 센서에서 값이 X, Y, Z축의 각각의 각속도 값이 출력되는 것을 확인할 수 있다.

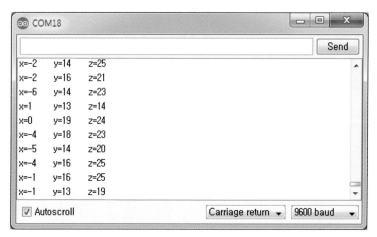

[그림 9-7] 시리얼 모니터에 I2C 자이로 데이터 출력

9.4 SPI 통신 규약

SPI 통신은 마스터(Master)와 슬레이브(Slave)로 구성된 구조이다. SPI 통신도 I2C 통신과 마찬가지로 한 개의 마스터에 여러 개의 슬레이브 장치를 연결하여 통신을 할 수 있다.

I2C 통신에서는 여러 장치 디바이스의 구분을 슬레이브에 미리 할당된 어드레스를 이용해서 구분을 할 수 있고 SPI 통신에서는 SS(Slave Select)라는 핀을 이용해서 구분이 가능하다. SPI 통신은 아래의 3개 채널로 통신하고 SS(Slave Select) 라인으로 다수의 슬레이브 장치를 구분한다.

- MISO—Master input, Slave output
- MOSI—Master output, Slave input
- SCK—Serial Clock

MISO 라인은 슬레이브에서 마스터로 데이터를 보내는 라인이다. MOSI 라인은 마스터에서 슬레이브로로 데이터를 보내기 위한 라인이고, SCK은 데이터 전송에 필요한 Clock 펄스를 전송하는 라인이다. 그리고 SS(Slave select) 라인이 있어 데이터를 전송하고자 하는 디바이스를 선택할 수 있게 한다.

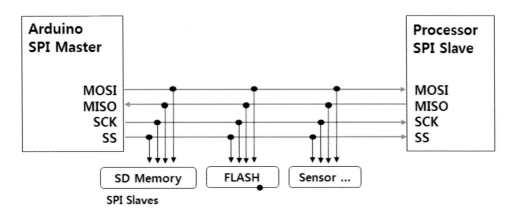

[그림 9-8] SPI 통신 구조

SPI 통신으로 자이로 센서 사용하기 – L3G4200D

아두이노에서는 SPI를 쉽게 사용할 수 있도록 아래 표와 같은 라이브러리 함수를 제공한다.

Function	Description
begin()	SPI 버스 설정을 초기화
end()	SPI 기능을 Disable
setBitOrder(order)	SPI 버스에 데이터가 In 또는 Out 되는 순서를 설정
setClockDivider(amt)	SPI 버스의 Clock 분주 값을 설정
byte transfer(val)	SPI 버스에 한 바이트 데이터를 전송
setDataMode(mode)	Clock의 모드를 설정

SPI 통신도 앞 절에서 사용한 L3G4200D 모듈을 사용하여 아두이노 보드와 SPI로 통신하는 것을 실험하도록 한다.

하드웨어 연결

SPI 통신을 위하여 L3G4200D 자이로센서 모듈과 아두이노 보드를 아래와 같이 연결한다. 여기서 주의해야할 사항은 I2C 연결 배선의 경우와 마찬가지로 자이로 센서 모듈의 VCC에는 반드시 3.3V를 연결해야 한다.

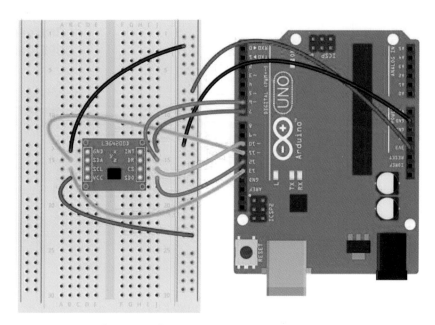

[그림 9-9] 자이로 센서 SPI 방식 배선도

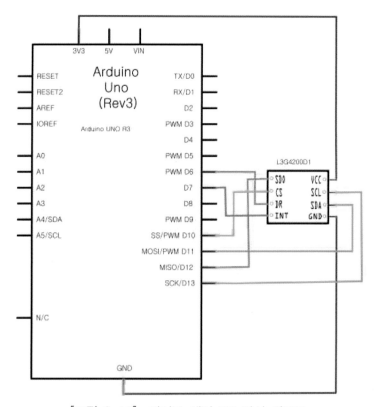

[그림 9-10] 자이로 센서 SPI 방식 회로도

배선 연결이 복잡할 수 있어서 표로 다시 정리해 보았다.

L3G4200D 자이로 센서 모듈	아두이노 보드
GND	GND
VCC	3.3V
SCL	D13
SDA	D11
SD0	D12
CS	D10
INT	D7
DR	D6

프로그램 작성

아두이노 스케치에 아래와 같은 코드를 작성한다. 자이로 센서는 출력이 디지털로 출력되어 코드가 조금 복잡하다. 헤더 파일(L3G4200D.h) 파일도 같은 작업 폴더에 생성해 줘야 한다. 아두이노 개발환경에서는 헤더파일을 추가할 때 대소문자를 구분하므로 반드시 L3G4200D.h 파일 이름대로 대소문자를 구분해서 저장을 해야 한다.

```
/* L3G4200D.h */

/***********************
    L3G4200D Registers
***********************/
#define WHO_AM_I 0x0F
#define CTRL_REG1 0x20
#define CTRL_REG2 0x21
#define CTRL_REG3 0x22
#define CTRL_REG4 0x23
#define CTRL_REG5 0x24
#define REFERENCE 0x25
#define OUT_TEMP 0x26
#define STATUS_REG 0x27
#define OUT_X_L 0x28
#define OUT_X_H 0x29
#define OUT_Y_L 0x2A
#define OUT_Y_H 0x2B
#define OUT_Z_L 0x2C
```

```
#define OUT_Z_H 0x2D
#define FIFO_CTRL_REG 0x2E
#define FIFO_SRC_REG 0x2F
#define INT1_CFG 0x30
#define INT1_SRC 0x31
#define INT1_TSH_XH 0x32
#define INT1_TSH_XL 0x33
#define INT1_TSH_YH 0x34
#define INT1_TSH_YL 0x35
#define INT1_TSH_ZH 0x36
#define INT1_TSH_ZL 0x37
#define INT1_DURATION 0x38
```

l3g4200_spi.ino 스케치 코드

```
#include <SPI.h>
#include "L3G4200D.h"

// pin definitions
const int int2pin = 6;
const int int1pin = 7;
const int chipSelect = 10;

// gyro readings
int x, y, z;

void setup()
{
  Serial.begin(9600);

  // Start the SPI library:
  SPI.begin();
  SPI.setDataMode(SPI_MODE3);
  SPI.setClockDivider(SPI_CLOCK_DIV8);

  pinMode(int1pin, INPUT);
  pinMode(int2pin, INPUT);
  pinMode(chipSelect, OUTPUT);
  digitalWrite(chipSelect, HIGH);
  delay(100);
```

```
    setupL3G4200D(2);  // Configure L3G4200 with selectabe full scale range
    // 0: 250 dps
    // 1: 500 dps
    // 2: 2000 dps
}

void loop()
{
    // Don't read gyro values until the gyro says it's ready
    while(!digitalRead(int2pin))
        ;
    getGyroValues();  // This will update x, y, and z with new values

    Serial.print("x=");
    Serial.print(x, DEC);
    Serial.print("\t");
    Serial.print("y=");
    Serial.print(y, DEC);
    Serial.print("\t");
    Serial.print("z=");
    Serial.print(z, DEC);
    Serial.print("\t");
    Serial.println();

    //delay(100); // may want to stick this in for readability
}

int readRegister(byte address)
{
    int toRead;

    address |= 0x80;  // This tells the L3G4200D we're reading;

    digitalWrite(chipSelect, LOW);
    SPI.transfer(address);
    toRead = SPI.transfer(0x00);
    digitalWrite(chipSelect, HIGH);

    return toRead;
}
```

```
void writeRegister(byte address, byte data)
{
  address &= 0x7F;  // This to tell the L3G4200D we're writing

  digitalWrite(chipSelect, LOW);
  SPI.transfer(address);
  SPI.transfer(data);
  digitalWrite(chipSelect, HIGH);
}

int setupL3G4200D(byte fullScale)
{
  // Let's first check that we're communicating properly
  // The WHO_AM_I register should read 0xD3
  if(readRegister(WHO_AM_I)!=0xD3)
    return -1;

  // Enable x, y, z and turn off power down:
  writeRegister(CTRL_REG1, 0b00001111);

  // If you'd like to adjust/use the HPF,
  // you can edit the line below to configure CTRL_REG2:
  writeRegister(CTRL_REG2, 0b00000000);

  // Configure CTRL_REG3 to generate data ready interrupt on INT2
  // No interrupts used on INT1, if you'd like to configure INT1
  // or INT2 otherwise, consult the datasheet:
  writeRegister(CTRL_REG3, 0b00001000);

  // CTRL_REG4 controls the full-scale range, among other things:
  fullScale &= 0x03;
  writeRegister(CTRL_REG4, fullScale<<4);

  // CTRL_REG5 controls high-pass filtering of outputs, use it
  // if you'd like:
  writeRegister(CTRL_REG5, 0b00000000);
}

void getGyroValues()
{
  x = (readRegister(0x29)&0xFF)<<8;
```

```
  x |= (readRegister(0x28)&0xFF);

  y = (readRegister(0x2B)&0xFF)<<8;
  y |= (readRegister(0x2A)&0xFF);

  z = (readRegister(0x2D)&0xFF)<<8;
  z |= (readRegister(0x2C)&0xFF);
}
```

#include 〈SPI.h〉

아두이노에서 SPI 통신을 사용하기 위해서 추가해야 한다.

#include "L3G4200D.h"

L3G4200D 센서의 레지스터 번호를 별도의 헤더 파일로 분리하였다.

const int int2pin = 6;

자이로 센서의 DR 핀과 연결할 아두이노 보드의 포트 번호

const int int1pin = 7;

자이로 센서의 INT 핀과 연결할 아두이노 보드의 포트 번호

const int chipSelect = 10;

자이로 센서의 슬레이브 선택 핀과 연결할 아두이노 보드의 포트 번호

int x, y, z;

자이로 센서의 데이터를 저장할 변수들

SPI.begin();

SPI 통신을 시작하도록 한다.

SPI.setDataMode(SPI_MODE3);

아두이노이 SPI 클럭 모드를 설정한다.

SPI.setClockDivider(SPI_CLOCK_DIV8);

SPI 슬레이브 디바이스에 맞추어서 적당히 속도를 조절해 주어야 한다.

setupL3G4200D(2); // Configure L3G4200 with selectabe full scale range
　　자이로 센서를 초기화한다.

while(!digitalRead(int2pin))
　　자이로 센서에서 데이터를 읽어올 준비가 되었을 경우에만 데이터를 읽어오기 위해서 대기
　　한다.

실행결과

　　코드를 컴파일해서 다운로드 하면 아두이노의 시리얼 모니터를 통해 아래 그림과 같이
자이로 센서에서 값이 X, Y, Z축의 각각의 각속도 값이 출력되는 것을 확인할 수 있다.
출력 결과는 당연히 I2C 통신을 이용해서 출력하는 값과 같을 것이다.

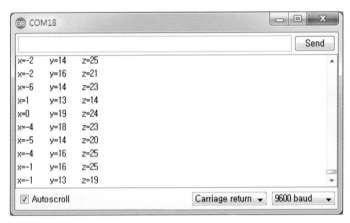

[그림 9-11] 시리얼 모니터에 SPI 자이로 데이터 출력

9.6　자이로 센서로 서보모터 제어하기

　　SPI 통신을 이용해서 자이로 센서의 데이터를 추출하고 자이로 센서의 X축 데이터를
이용하여 축의 움직임에 따라서 서보 모터를 움직이는 실험을 해보도록 하겠다.

하드웨어 연결

　　하드웨어 연결 방법은 이전 절에서 했던 SPI 방식 자이로 센서 인터페이스와 서보모터
제어 부분을 참조해서 연결을 한다.

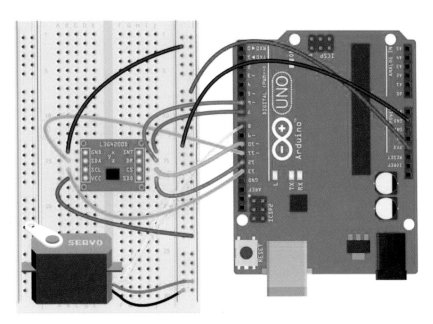

[그림 9-12] 자이로 센서 & 서보모터 SPI 방식 배선도

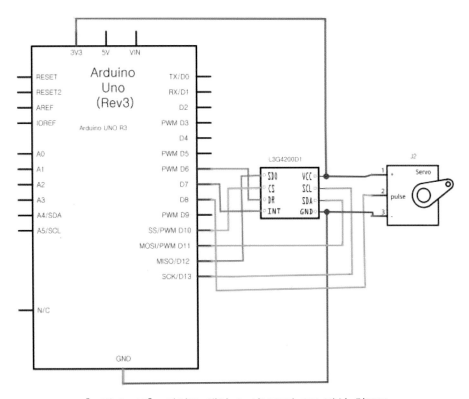

[그림 9-13] 자이로 센서 & 서보모터 SPI 방식 회로도

이전에 SPI 방식의 자이로센서 배선도에서 아두이노 보드의 D8 포트에 서보모터만 추가되었다.

프로그램 작성

SPI 방식의 자이로 센서 스케치 코드에 서보 모터 부분을 병합하고 자이로 센서의 X축 출력에 대해서 약간의 계산을 추가하였다.

```
#include <Servo.h>
#include <SPI.h>
#include "l3g4200d.h"

// pin definitions
const int int2pin = 6;
const int int1pin = 7;
const int chipSelect = 10;

// gyro readings
int x, y, z;

int motor_control = 8;
Servo servo;

int potpin = 0;  // analog pin used to connect the potentiometer
int val;    // variable to read the value from the analog pin

void setup()
{
  servo.attach(motor_control);

  Serial.begin(9600);

  // Start the SPI library:
  SPI.begin();
  SPI.setDataMode(SPI_MODE3);
  SPI.setClockDivider(SPI_CLOCK_DIV8);

  pinMode(int1pin, INPUT);
  pinMode(int2pin, INPUT);
  pinMode(chipSelect, OUTPUT);
```

```
    digitalWrite(chipSelect, HIGH);
    delay(100);

    setupL3G4200D(2);  // Configure L3G4200 with selectabe full scale range
    // 0: 250 dps
    // 1: 500 dps
    // 2: 2000 dps

    servo.write(0);
}


void loop()
{
    int servo_range, old_servo_range;

    // Don't read gyro values until the gyro says it's ready
    while(!digitalRead(int2pin))
        ;
    getGyroValues();  // This will update x, y, and z with new values

    Serial.print("x=");
    Serial.print(x, DEC);
    Serial.print("\t");
    Serial.print("y=");
    Serial.print(y, DEC);
    Serial.print("\t");
    Serial.print("z=");
    Serial.print(z, DEC);
    Serial.print("\t");

    // reads the value of the gyro y axis (change if you use other axis)
    val = x;

    // scale it to use it with the servo (value between 0 and 180)
    val = map(val, 0, 1023, 0, 179);

    if( val < -20 || val > 20 )
        servo.write(val);

    Serial.print("servo_range=");
```

```
    Serial.print("Wt");
    Serial.print(val, DEC);

    Serial.println();

    delay(15);
}

int readRegister(byte address)
{
    int toRead;

    address |= 0x80;  // This tells the L3G4200D we're reading;

    digitalWrite(chipSelect, LOW);
    SPI.transfer(address);
    toRead = SPI.transfer(0x00);
    digitalWrite(chipSelect, HIGH);

    return toRead;
}

void writeRegister(byte address, byte data)
{
    address &= 0x7F;  // This to tell the L3G4200D we're writing

    digitalWrite(chipSelect, LOW);
    SPI.transfer(address);
    SPI.transfer(data);
    digitalWrite(chipSelect, HIGH);
}

int setupL3G4200D(byte fullScale)
{
    // Let's first check that we're communicating properly
    // The WHO_AM_I register should read 0xD3
    if(readRegister(WHO_AM_I)!=0xD3)
        return -1;

    // Enable x, y, z and turn off power down:
    writeRegister(CTRL_REG1, 0b00001111);
```

```
// If you'd like to adjust/use the HPF,
// you can edit the line below to configure CTRL_REG2:
writeRegister(CTRL_REG2, 0b00000000);

// Configure CTRL_REG3 to generate data ready interrupt on INT2
// No interrupts used on INT1, if you'd like to configure INT1
// or INT2 otherwise, consult the datasheet:
writeRegister(CTRL_REG3, 0b00001000);

// CTRL_REG4 controls the full-scale range, among other things:
fullScale &= 0x03;
writeRegister(CTRL_REG4, fullScale<<4);

// CTRL_REG5 controls high-pass filtering of outputs, use it
// if you'd like:
writeRegister(CTRL_REG5, 0b00000000);
}

void getGyroValues()
{
  x = (readRegister(0x29)&0xFF)<<8;
  x |= (readRegister(0x28)&0xFF);

  y = (readRegister(0x2B)&0xFF)<<8;
  y |= (readRegister(0x2A)&0xFF);

  z = (readRegister(0x2D)&0xFF)<<8;
  z |= (readRegister(0x2C)&0xFF);
}
```

새로 추가된 코드만 설명하도록 하겠다.

val = x;

　　계산을 위해서 잠시 val 변수에 저장하였다.

val = map(val, 0, 1023, 0, 179);

　　자이로 센서의 0~1023 사이의 출력 값을 서보 모터에 출력할 수 있는 0~180 사이의
　　값으로 스케일을 변경하는 코드이다.

```
if( val 〈 -20 || val 〉 20 )
    servo.write(val);
```

　　　　　너무 미세한 흔들림에 서보 모터가 동작하지 않도록 하기 위해서 20 이상 움직임이 있을 경우에만 서보 모터를 제어하도록 한다.

실행결과

　　실행을 해보면 생각보다 잘 동작하지는 않는다. 자이로 센서를 이용해서 서보 모터를 아주 정밀하게 제어하기 위해서는 자이로 센서의 데이터의 움직임을 예측하는 필터 알고리즘 등이 결합되어야 어느 정도 정밀한 제어가 가능하다. 여기서는 센서와 모터와 같은 액추레이터를 어떻게 결합해서 응용이 가능한지 예시만 했을 뿐이다. 관심이 있는 독자라면 AHRS 센서와 같은 모션제어 모듈들을 검색해 보기 바란다.

적외선(IRDA) 통신

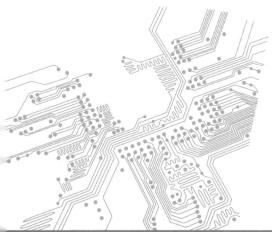

10.1 적외선 수신하기
10.2 적외선 송신하기

10

C/H/A/P/T/E/R

10.1 　적외선 수신하기

　저비용으로 어떤 장치를 원격 제어하는 방법으로 적외선 사용을 들 수 있다. 이미 우리 일상에는 TV, 에어컨, DVD 등의 가전제품들을 적외선을 이용하여 제어하는 제품들이 많이 존재하고 있다.

　적외선 통신은 950nm 파장의 적외선을 햇빛이나 전등, 형광등 등에도 적외선이 포함되어 있기 때문에 외부의 영향을 줄이기 위해서 캐리어(Carrier) 주파수를 사용하여 정보를 전달하는 방식이다. 그렇기 때문에 적외선을 수신하기 위해서는 이 캐리어 주파수를 필터링 하고, 약한 신호를 증폭하는 과정을 거쳐야 한다. 조금 복잡해 보일 수 있지만, 걱정하지 마라 이런 역할을 해주는 적외선 수신기 부품들이 많이 나와 있다. 참고로 삼성, LG 리모컨은 주파수가 38kHz이다. 이번 실험에서도 38kHz 주파수를 수신할 수 있는 적외선 수신 부품을 사용할 것이다.

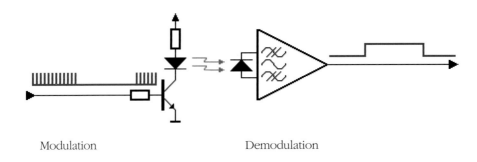

Modulation　　　　　　　　　　　Demodulation

[그림 10-1]　적외선 송수신 방식

　위의 그림에서 Modulation이 적외선 송신부이고 Demodulation이 적외선 수신 파트이다. 아래 그림은 적외선 수신 부품의 블록 다이어그램이다. 물론 이 블록 다이어그램의 내용을 전부 이해할 필요는 없다. 우리가 적외선 수신 부품을 만들 것은 아니기 때문에 그냥 적외선 수신기에서 이런 일을 하는구나 정도만 알고 사용만 잘 하면 된다.

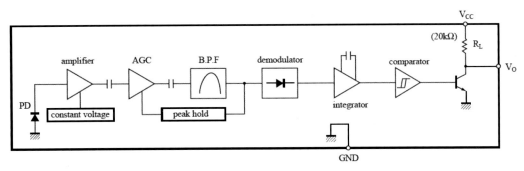

[그림 10-2] 적외선 수신 구조

실험에 필요한 준비물들

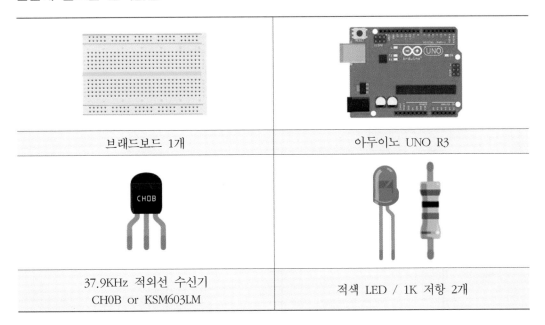

브래드보드 1개	아두이노 UNO R3
37.9KHz 적외선 수신기 CH0B or KSM603LM	적색 LED / 1K 저항 2개

하드웨어 연결

브래드 보드를 이용해서 적색 LED, CH0B 부품을 아두이노 하드웨어와 아래 그림과 같이 연결한다. 적외선 수신 부품은 37.9kHz 주파수대를 수신할 수 있는 어떤 부품을 사용해도 상관없다. 적색 LED는 적외선 수신이 되는 것을 확인하기 위해서 아두이노 보드의 D12포트에 연결하였다. 그리고 실제로 적외선을 수신하기 위해서 적외선 수신 부품은 아두이노 보드의 D2 포트에 연결하였다.

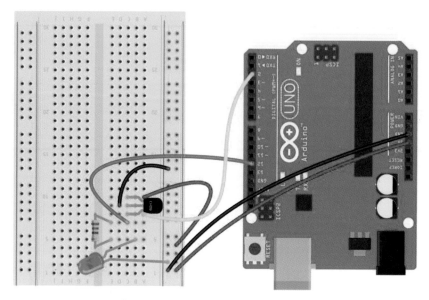

[그림 10-3] 적외선 수신 배선도

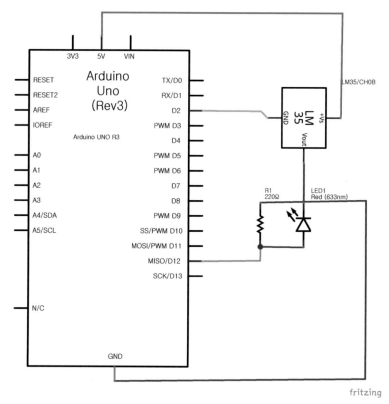

[그림 10-4] 적외선 수신 회로도

	38kHz 주파수를 수신할 수 있는 적외선 수신 부품 CH0B 부품이다. 납작한 면을 기준으로 왼쪽에서부터 전원 (VCC), 그라운드(GND), 출력(Output)이다. Output 핀을 아두이노 보드의 디지털 IO 12번 핀과 연결해야 한다. VCC, GND 핀이 거꾸로 되지 않도록 조심해야 한다.

VCC GND Output

프로그램 작성

아두이노 스케치에 아래와 같은 코드를 작성한다.

```
#include 〈IRremote.h〉


/*
  IR_remote_detector sketch
  An IR remote receiver is connected to pin 2.
  The LED on pin 12 toggles each time a button on the remote is pressed.
 */

#include 〈IRremote.h〉              //adds the library code to the sketch

const int irReceiverPin = 2;       //pin the receiver is connected to
const int ledPin = 12;

IRrecv irrecv(irReceiverPin);      //create an IRrecv object
decode_results decodedSignal;      //stores results from IR detectorvoid
setup()

void setup()
{
  // Open serial communications and wait for port to open:
  Serial.begin(9600);
  while (!Serial)
  {
    ; // wait for serial port to connect. Needed for Leonardo only
  }

  pinMode(ledPin, OUTPUT);
  irrecv.enableIRIn();             // Start the receiver object
}
```

```
boolean lightState = false;      //keep track of whether the LED is on
unsigned long last = millis();   //remember when we last received an IR
message

/*
// decode type
#define NEC 1   --> Samsung remocorn
#define SONY 2
#define RC5 3
#define RC6 4
#define DISH 5
#define SHARP 6
#define PANASONIC 7
#define JVC 8
#define SANYO 9
#define MITSUBISHI 10
#define UNKNOWN -1
*/

void loop()
{

  //this is true if a message has been received
  if (irrecv.decode(&decodedSignal) == true)
  {
    if (millis() - last > 250)
    {
      //has it been 1/4 sec since last message?
      lightState = !lightState;                //Yes: toggle the LED
      digitalWrite(ledPin, lightState);
      Serial.print("value=");
      Serial.println(decodedSignal.value, HEX);
      Serial.print("decode_type=");
      Serial.println(decodedSignal.decode_type);
    }

    last = millis();
    irrecv.resume();                           // watch out for another message
  }

}
```

적외선 수신을 위해서 IRremote라는 라이브러리를 사용하였다. 이 라이브러리는 https://github.com/shirriff/Arduino-IRremote에서 라이브러리 코드와 사용 예제들을 다운 받을 수 있다. Git 클라이언트를 이용하거나 아래 오른쪽 하단의 "Download ZIP"를 이용해서 압축 파일로 바로 다운로드 받을 수 있다.

[그림 10-5] 적외선 라이브러리 다운로드 화면

IRremote 라이브러리를 아두이노 개발환경에서 바로 사용하기 위해서 다운로드 받은 Zip 파일을 아두이노 IDE가 있는 "C:\arduino-1.0.5\libraries\" 폴더에 복사하고 압축을 해제한다.

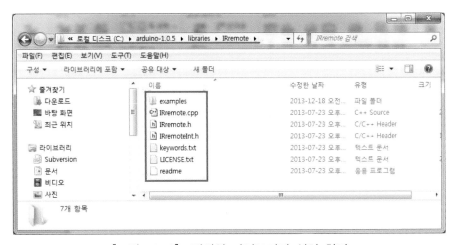

[그림 10-6] 적외선 라이브러리 설치 화면

예제를 분석해 보면

const int irReceiverPin = 2;

> CHOB 적외선 수신 부품의 Output 핀에 연결된 아두이노 하드웨어의 핀 번호이다.

const int ledPin = 12;

> 적외선 수신이 되었는지를 알려주는 적색 LED가 연결된 아두이노 하드웨어의 핀 번호.

IRrecv irrecv(irReceiverPin);

> IRremote 라이브러리를 사용하기 위해서 적외선 수신 부품의 Output 핀이 연결된 핀 번호로 라이브러리를 초기화 한다. 라이브러리 내부적으로 irReceiverPin 핀을 Input 모드로 설정하여 사용하게 된다.

irrecv.decode(&decodedSignal)

> "&" 연산자에 의해서 decodedSignal 변수에 수신된 적외선 데이터가 담겨지게 된다. C언어에서는 함수의 인자에 "&" 연산자를 사용하여 함수에 인자를 전달하면 함수내부에서 변경시킨 decodedSignal의 값이 함수 실행이 끝나 이후에도 유지가 된다.

irrecv.resume();

> 적외선 수신이 완료된 이후에 다른 수신을 위해서 대기하도록 한다.

millis()는 아두이노에서 시간의 경과를 msec(1/1000 초) 단위로 알려주는 함수이다.

실행결과

삼성 TV 리모컨을 이용해서 0~9까지의 버튼을 누르면 아두이노 시리얼모니터 윈도에 아래 그림과 같이 버튼의 16진수(Hex)값과 리모컨의 Type이 표시가 된다.

[그림 10-7] 적외선 리모컨 수신 테스트 화면

필자는 LG 리모컨이 없어서 테스트를 해보지는 못했지만 아마도 삼성 리모컨과 같은 Hex값을 표시할 것이다.

참 고

삼성 리모컨의 0~9의 각 버튼별 Hex 값

버튼	Hex	버튼	Hex	버튼	Hex
0	0x20DF48B7	1	0x20DFC837	2	0x20DF28D7
3	0x20DFA857	4	0x20DF6897	5	0x20DFE817
6	0x20DF18E7	7	0x20DF9867	8	0x8789C683
9	0x8E1C1C14				

10.2 적외선 송신하기

이번에는 아두이노를 이용해서 적외선 송신 기능 실습을 해보자. 적외선 수신부는 이전 절에서의 수신부를 그대로 이용하고, 적외선 송신 부분만 작업을 해서 송신부에서 보내는 적외선 값을 이전 Chapter에서 했던 예제를 통해서 Type과 Hex 값을 아두이노 터미널에 표시를 해보자.

실험에 필요한 준비물들

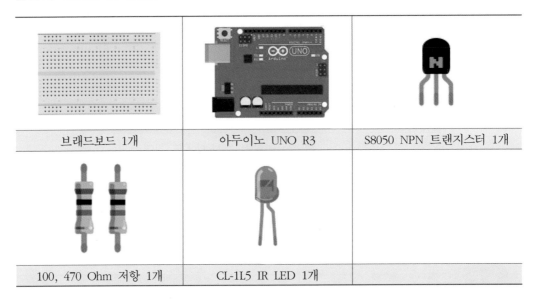

브래드보드 1개	아두이노 UNO R3	S8050 NPN 트랜지스터 1개
100, 470 Ohm 저항 1개	CL-1L5 IR LED 1개	

하드웨어 연결

브래드 보드를 이용해서 NPN 트랜지스터, CL-1L5 IR LED, 저항 부품을 아두이노 하드웨어와 다음 그림과 같이 연결한다.

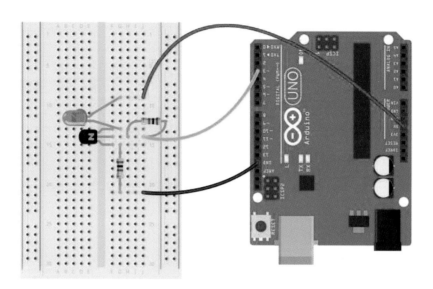

[그림 10-8] 적외선 송신 배선도

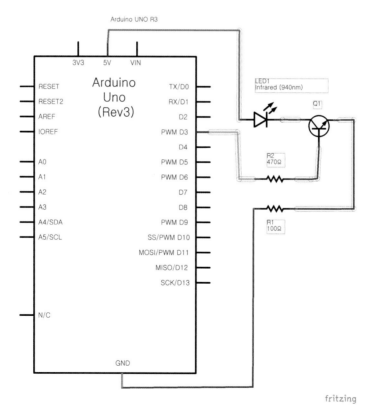

[그림 10-9] 적외선 송신 회로도

37.9kHz 주파수를 송신할 수 있는 적외선 송신 부품 CL-1L5이다. LED와 마찬가지로 LED 연결시 LED몰딩 안의 쇠판이 작은 쪽 Anode(애노드)를 전원(VCC)에 연결해야 하고 큰 쪽 Cathode(캐소드)를 그라운드(GND)에 연결을 해야 한다.

GND VCC

위의 회로 그림에서 PWM(Pulse Width Modulation) D3에서 나오는 Modulation 신호로 Q1(NPN 트랜지스터)의 베이스 부분을 제어하여 적외선 송신을 하고 있다. 트랜지스터가 하는 기능은 일반적으로 스위치 기능과 증폭 기능이 있는데 여기서는 PWM D3 핀에서 나오는 IR 제어 신호를 증폭하기 위해서 사용이 되었다.

PWM기능이 있는 핀은 CPU에 있는 Timer를 이용해서 원하는 주파수를 만들어 낼 수 있고 Modulation 기능으로 펄스의 폭을 조정해서 전류를 제어할 수 있는 기능이 있다.

프로그램 작성

아두이노 스케치에 아래와 같은 코드를 작성한다.

```
#include <IRremote.h>

IRsend irsend;

void setup()
{
  Serial.begin(9600);
}

void loop()
{
    irsend.sendNEC( 0xc5000000, 8);
    delay(1000);
    irsend.sendNEC( 0x45000000, 8);
    delay(1000);
    irsend.sendNEC( 0x25000000, 8);
    delay(1000);
    irsend.sendNEC( 0x85000000, 8);
    delay(1000);

}
```

예제를 분석해 보면

IRsend irsend;

　　적외선 송신 라이브러리를 이용하기 위해서 초기화한다.

irsend.sendNEC(0xc5000000, 8);

　　NEC 포맷으로 적외선을 송신해 주는 라이브러리 함수이다. 첫 번째 파라미터 0xc5000000
　　가 송신할 데이터이고 2번째 파라미터 "8"이 데이터 사이즈가 된다. 라이브러리에는 NEC이
　　외에도 Sony, Panasonic, JVC 등의 포맷을 지원한다.

실행결과

　　예제를 실행해 보면 1초 간격으로 4개의 수신된 16진수(Hex)값과 리모컨의 Type이
표시가 된다.

[그림 10-10]　송신된 적외선을 수신한 화면

　　이 기능을 잘 이용하면 적외선을 이용해서 무선으로 자동차, TV, 카메라 등을 조정하는데
이용해 볼 수 있을 것이다.

지그비(Zigbee)
네트워킹

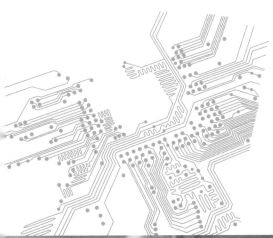

11

C/H/A/P/T/E/R

11.1 지그비(Zigbee)란?

지그비(Zigbee)는 블루투스(Bluetooth)의 고가격, 고전력 소비의 단점을 보완한 IEEE 802.15.4(PHY, MAC)에 기반한 무선 기술로 벌이 Zig-Zag로 날아다니면서 다른 동료들에게 정보를 전달하는 정보전달 체계를 착안하여 붙여진 명칭이다. 무선 리모컨, 조명제어, 키보드, 마우스, 홈오토메이션, 센서 네트워크 등 다양한 분야에 응용되고 있다.

지그비는 산업, 과학, 의학용 무선 주파수(ISM 밴드 : Industrial, Scientific and Medical) 내에서 작동하며 블루투스와 같은 개인 통신망을 사용한다. 초당 전송 속도를 보면 와이파이 등에 비해서 느린 편이다. 전송거리는 2.4GHz 하드웨어의 경우 30m/indoor, over 100m/outdoor 정도이다.

주파수 대역 및 전송 속도

- 전세계 : 2.4 GHz ISM Band (250 kbps)
- 미국 : 915 MHz ISM Band (40 kbps)
- 유럽 : 868 MHz(20 kbps)
- 일본 : 2.4 GHz(250 kbps)
- 한국 : 현재 ZigBee용 주파수 확보를 위한 연구 중

지그비 어플리케이션 프로파일

지그비 얼라이언스(지그비 연합)가 지그비 스펙을 제정하는 표준화 단체인데, 여기서 스펙 뿐만 아니라 지그비의 애플리케이션 프로파일들을 정의하고 있다.

- 가정 자동화(Home Automation)
- 지그비 스마트 에너지(ZigBee Smart Energy)
- 상업용 빌딩 자동화(Commercial Building Automation)
- 통신 애플리케이션즈(Telecommunication Applications)
- 개인, 가정, 병원(Personal, Home, and Hospital Care)

지그비 통신을 테스트하기 위해서는 최소한 송신, 수신 각각 1개씩의 지그비와 아두이노 보드가 필요하다. 아두이노 보드로는 Arduino UNO R3를 사용하고 지그비는 아두이노에서 쉽게 사용할 수 있도록 모듈 형태로 나와 있는 Digi사의 XBee 모듈을 사용하도록 하겠다.

이번 Chapter에서의 최종 목표는 2대의 아두이노 보드에 각각 지그비 모듈을 연결하여 서로 통신을 하는 것이지만 처음부터 지그비 통신을 아두이노 스케치를 작성해서 테스트 하기보다는 Digi사에서 제공하는 테스트 프로그램(CTU)을 이용해서 XBee 모듈의 통신 상태를 점검하고 나서 진행하는 것이 좋다. 무선 통신이 잘 되지 않을 경우에 하드웨어적으로 결선이 잘못되어 있을 수도 있고 스케치를 잘못 작성하여 통신이 되지 않을 수도 있고 XBee 무선 통신 모듈의 불량으로 되지 않을 수도 있다. 이러한 경우에 어디에서부터 문제를 해결해 나가야 할지 막막해진다. 그래서 이번 절에서 우선 XBee 모듈의 통신 상태부터 점검을 해 보도록 하자.

실험에 필요한 준비물들

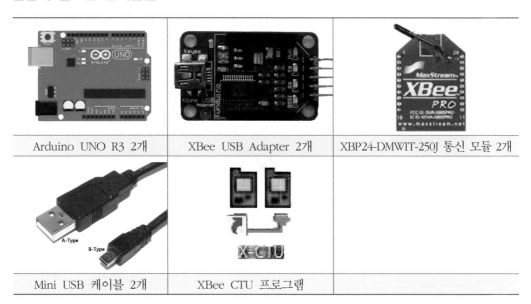

Arduino UNO R3 2개	XBee USB Adapter 2개	XBP24-DMWIT-250J 통신 모듈 2개
Mini USB 케이블 2개	XBee CTU 프로그램	

하드웨어 연결

X-CTU 프로그램을 사용하기 위해서는 XBee 모듈을 PC의 시리얼 포트에 연결해야 하는데 XBee 모듈을 PC에 USB연결을 통해서 가상 시리얼포트로 변환해 주어 쉽게 PC에 연결

해 주는 모듈들이 많이 나와 있다. 또한 이러한 모듈들은 XBee에 3.3V 전원도 같이 공급할 수 있어 편리하게 사용할 수 있다. 요즘 대부분의 노트북들은 두께와 무게를 줄이기 위해서 시리얼 포트가 없이 출시가 되고 있다.

(1) XBee 모듈과 XBee USB Adapter 연결

[그림 11-1] XBee USB Adapter 연결

(2) XBee USB Adapter를 PC에 연결

PC에서 XBee USB Adapter를 제대로 인식시키기 위해서는 FTDI USB 드라이버를 PC에 설치해야 한다. 아래 URL에서 FTDI USB 드라이버를 다운로드 받을 수 있다.

http://www.ftdichip.com/Drivers/VCP.htm

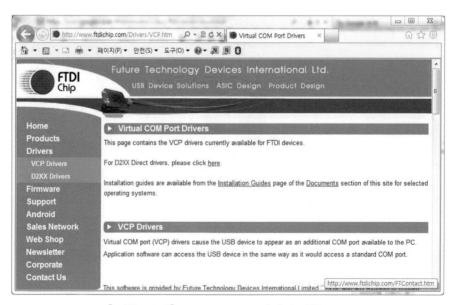

[그림 11-2] FTDI USB 드라이버 다운로드

XBee USB Adapter를 PC와 연결하기 위해서는 미니 USB 케이블이 있어야 하고 미니 USB케이블의 A Type 포트를 먼저 PC의 USB포트에 연결하고 5핀 미니 커넥터를 XBee USB Adapter의 미니 USB포트에 연결한다.

USB드라이버가 제대로 설치가 되어 있고 연결이 정상적이라면 아래 그림과 같이 PC의 장치 관리자에 "USB Serial Port(COM7)"와 같이 가상 COM포트가 생긴것을 확인할 수 있다. 여기서 PC에 따라서 "COM7"이라고 올라오지 않고 COM2, COM3 등 다른 이름으로 올라올 수도 있다.

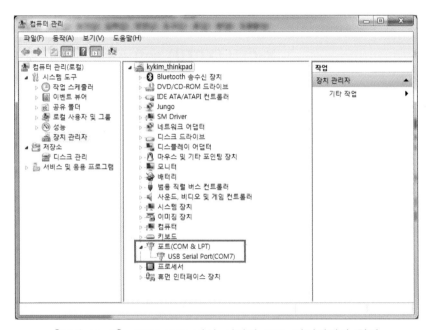

[그림 11-3] FTDI USB 가상 시리얼 포트 장치관리자 화면

X-CTU 프로그램으로 XBee 모듈 통신 설정

X-CTU 프로그램을 이용해서 XBee 통신 테스트를 하는 것은 단순히 XBee 모듈들이 이상이 없는지 점검하는 이유도 있고 XBee 모듈 간 통신이 원활하게 이루지게 하려면 약간의 설정들이 필요하다. X-CTU 프로그램을 이용하면 이러한 설정 작업들을 쉽게 할 수 있다.

(1) X-CTU 프로그램 다운로드

Digi 웹사이트에 접속하여 다운로드 받는다.

http://ftp1.digi.com/support/utilities/40003002_C.exe

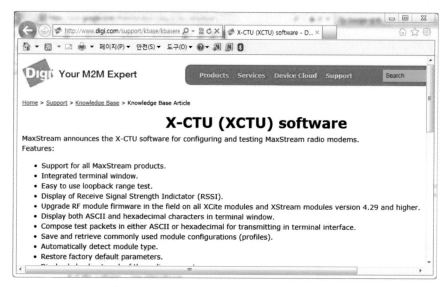

[그림 11-4] X-CTU 프로그램 다운로드

(2) X-CTU 프로그램 설치

다운로드가 완료되었으면 x-ctu_5.2.8.exe 설치 프로그램을 실행하여 X-CTU 프로그램을 설치한다. 현재 프로그램 버전은 5.2.8이지만 이 책이 쓰여진 이후에 Digi사에서 프로그램을 업데이트 한다면 설치 파일의 이름은 달라질 수 있다.

[그림 11-5] X-CTU 프로그램 설치1

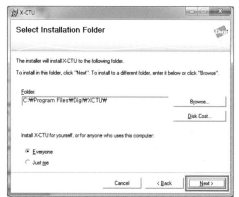

[그림 11-6] X-CTU 프로그램 설치2

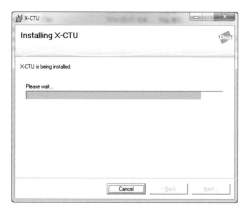

[그림 11-7] X-CTU 프로그램 설치3

위의 설치 과정 중 완료 시점에서 firmware update 하라는 메시지가 나오면 firmware 업데이트를 시작한다. 물론 PC는 인터넷에 연결된 상태에서 진행해야 한다.

(3) X-CTU 프로그램 실행

X-CTU 프로그램을 실행하면 "Select Com Port"에 USB Serial Port(COM7)이 올라온 것을 볼 수 있다. "Test / Query" 버튼을 눌러서 XBee 모듈의 버전과 통신 상태를 점검한다.

[그림 11-8] X-CTU 연결 테스트

XBee 모듈에 이상이 없다면 아래 그림과 같이 모듈의 Serial Number와 Modem type
이 읽혀진다. 우리가 사용하는 XBee 모뎀은 XBP24-DMWIT-250를 사용하고 있기 때문에
Type은 XBP24-DM가 읽어진다. "OK"를 눌러서 다음으로 진행한다.

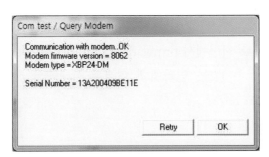

[그림 11-9] X-CTU 연결 테스트 결과 화면

(4) XBee 모듈 통신 설정

"Modem Configuration"탭에서 "Read"를 하면 현재 XBee 모뎀이 사용하는 "Function
Set"과 "Version"을 읽어온다.

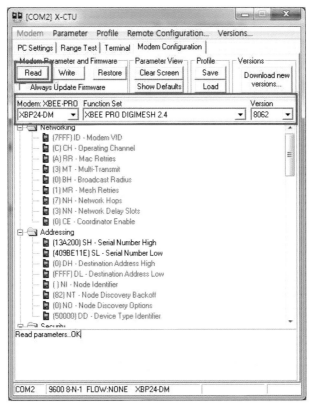

[그림 11-10] X-CTU와 XBP24-DM과 연결이 완료된 화면

나머지 1개의 XBee 모듈에 대해서도 X-CTU 프로그램을 이용해서 위와 같은 과정으로
통신 점검을 한다.

(5) X-CTU 프로그램을 이용한 XBee 통신 테스트

XBee USB Adapter를 이용해서 PC의 USB에 XBee 모듈 2개를 동시에 연결한다. 다음
그림은 XBee USB Adapter 2개가 동시에 PC에 연결되었을 경우 장치 관리자 화면이다.
USB Serial Port포트가 2개가 올라오는 것을 확인할 수 있다.

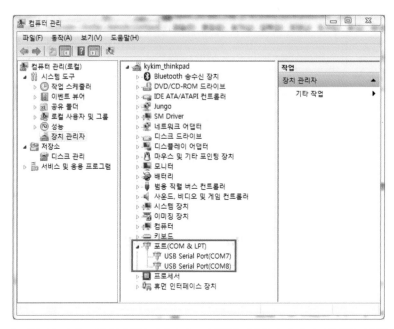

[그림 11-11] 장치 관리자에 USB 시리얼 어댑터 2개가 연결된 화면

이 상태에서 X-CTU 프로그램을 동시에 2개를 실행해서 COM7, COM8 각각의 포트에
연결한다.

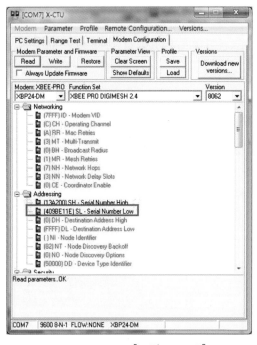
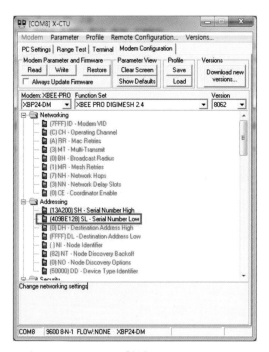

[그림 11-12] XBP24-DM의 Serial Number 확인

COM7, COM8 각각의 포트에 X-CTU 프로그램과 XBee 모듈이 연결된 화면이다. 여기까지 성공을 했다면 통신 테스트를 하는 방법은 간단하다. X-CTU 프로그램에서 Terminal 탭을 선택하고 터미널창에 텍스트를 입력하면 또다른 X-CTU 프로그램의 터미널창에 입력한 텍스트가 그대로 Display되면 XBee 통신이 정상적으로 이루어진 것이다. 통신 테스트를 위한 준비 과정은 조금 복잡하였지만 X-CTU 프로그램을 통한 통신 테스트 방법은 그리 복잡하지는 않다.

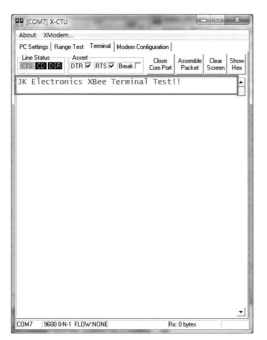

[그림 11-13] X-CTU 프로그램에서 지그비 통신 화면

11.3 아두이노 지그비(Zigbee) 통신

이전 Chapter에서는 지그비 통신 테스트를 위해서 X-CTU 프로그램을 이용해서 통신 점검을 해 보았다면 이번 절에서는 직접 아두이노 보드를 이용해서 작성한 스케치를 아두이노 보드에 업로드 하여 통신 테스트를 해보도록 하자.

실험에 필요한 준비물들

지그비 통신을 테스트하기 위해서는 최소한 송신, 수신 각각 1개씩의 XBee 모듈과 XBee 쉴드, 아두이노 보드가 필요하다. 이전 절에서는 XBee 모듈과 PC연결을 편리하게 해주는 XBee USB Adapter를 이용하였고 이번 절에서는 아두이노와 XBee 모듈간의 연결을 쉽게 해주는 XBee Shield를 이용하게 될 것이다.

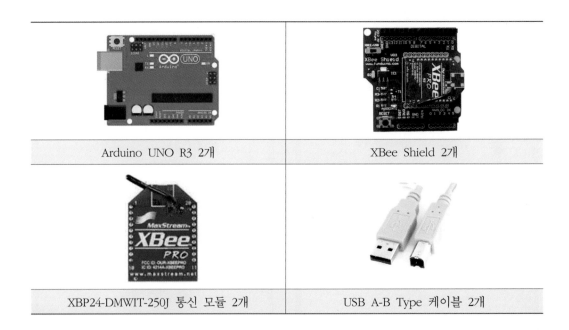

Arduino UNO R3 2개	XBee Shield 2개
XBP24-DMWIT-250J 통신 모듈 2개	USB A-B Type 케이블 2개

하드웨어 연결

우선 XBee 모듈 2개를 각각의 XBee Sheild에 연결을 한다. XBee Shield에 하얀색으로 실크 인쇄된 모양을 보면 연결 방향은 쉽게 찾을 수 있다. 그리고 나서 XBee Shield를 아두이노 UNO R3 2개에 다시 각각 적층(연결)한다. 아두이노 보드 1개는 XBee 송신용이고 나머지 1대는 수신용으로 사용할 것이다.

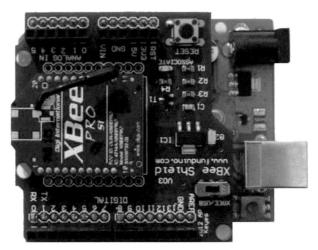

[그림 11-14] 아두이노 UNO R3와 XBee Shield를 적층해서 연결한 그림

아두이노를 이용한 ZigBee 네트워크 통신

2개의 아두이노 보드, XBee 모듈을 가지고 하나는 송신을 하고 다른 하나는 수신을 하는 지그비 네트워크 통신 실험을 해보도록 하자.

(1) XBee 송신용 프로그램

```
/* XBee 송신용 프로그램 */

// Pin 13 has an LED connected on most Arduino boards.
int led = 13;

boolean ack = true;

int  serIn;                 // var that will hold the bytes-in read from the
                            // serialBuffer
char serInString[100];      // array that will hold the different bytes
                            // 100=100characters;
                            // -> you must state how long the array will be else
                            // it won't work.
int  serInIndx  = 0;        // index of serInString[] in which to insert the next
                            // incoming byte
int  serOutIndx = 0;        // index of the outgoing serInString[] array;

void setup() {
```

```
  // initialize the digital pin as an output.
  pinMode(led, OUTPUT);

  Serial.begin(9600);
}

void loop()
{
    if( ack == true )
    {
      digitalWrite(led, HIGH);    // turn the LED on
      delay(1000);                // wait for a second

      Serial.print("REQ");
      Serial.println();

      ack = false;
    }

    readSerialString();

    if( serInIndx > 4 )
    {
      if( strncmp(serInString, "ACK", 2)  == 0 )
      {
        // Read XBee "ACKWCrWLf" Data
        ack = true;

        digitalWrite(led, LOW);   // turn the LED off
        delay(1000);              // wait for a second
      }
      serOutIndx = 0;
      serInIndx  = 0;
    }
}

void readSerialString ()
{
    int sb;
    if(Serial.available()) {
```

```
        // Serial.print("reading Serial String: ");      //optional confirmation
        while (Serial.available()){
            sb = Serial.read();
            serInString[serInIndx] = sb;
            serInIndx++;
            //serialWrite(sb);                             //optional confirmation
        }
        //Serial.println();
    }
}

void printSerialString()
{
    if( serInIndx > 0) {

        //loop through all bytes in the array and print them out
        for(serOutIndx=0; serOutIndx < serInIndx; serOutIndx++) {
            Serial.print( serInString[serOutIndx] );
                //print out the byte at the specified index
                //serInString[serOutIndx] = "";
                //optional: flush out the content
        }
        //reset all the functions to be able to fill the string back with content
        serOutIndx = 0;
        serInIndx  = 0;

    }
}
```

setup() 함수에서 시리얼 포트를 초기화 하고 Serial.print("REQ"); 에 의해서 XBee 모듈로 "REQ" 데이터를 송신한다. 이후에 readSerialString() 함수에서 XBee 수신부에서 회신된 "ACK" 데이터를 수집되면 ack 변수가 true 로 설정이 되어 다시 "REQ" 데이터를 요청하게 된다.

(2) XBee 수신용 프로그램

```
/* XBee 수신용 프로그램 */

// Pin 13 has an LED connected on most Arduino boards.
int led = 13;

boolean ack = true;

int  serIn;     // var that will hold the bytes-in read from the serialBuffer
char serInString[100];  // array that will hold the different bytes
100=100characters;
            // -> you must state how long the array will be else it won't work.
int  serInIndx  = 0;    // index of serInString[] in which to insert the next
                        // incoming byte
int  serOutIndx = 0;    // index of the outgoing serInString[] array;

void setup() {
  // initialize the digital pin as an output.
  pinMode(led, OUTPUT);

  Serial.begin(9600);
}

void loop()
{
    readSerialString();

    if( serInIndx > 4 )
    {
      if( strncmp(serInString, "REQ", 2)  == 0 )
      {
        // Read XBee "REQWCrWLf" Data


        digitalWrite(led, HIGH);   // turn the LED on
        delay(1000);               // wait for a second

        Serial.print("ACK");
        Serial.println();
```

```
        digitalWrite(led, LOW);    // turn the LED off
        delay(1000);                     // wait for a second
      }
      serOutIndx = 0;
      serInIndx  = 0;
   }
}

void readSerialString ()
{
    int sb;
    if(Serial.available()) {
        while (Serial.available()){
            sb = Serial.read();
            serInString[serInIndx] = sb;
            serInIndx++;
            //serialWrite(sb);                              //optional confirmation
        }
        //Serial.println();
    }
}

void printSerialString()
{
  if( serInIndx > 0) {
     //loop through all bytes in the array and print them out
     for(serOutIndx=0; serOutIndx < serInIndx; serOutIndx++) {
         Serial.print( serInString[serOutIndx] );
             //print out the byte at the specified index
         //serInString[serOutIndx] = "";    //optional: flush out the content
     }
     //reset all the functions to be able to fill the string back with content
     serOutIndx = 0;
     serInIndx  = 0;
     Serial.println();
  }
}
```

setup() 함수에서 시리얼 포트를 초기화 하고 loop 안의 readSerialString() 함수에서 XBee 송신부에서 보내온 "REQ" 데이터를 수집하면 응답으로 "ACK" 데이터를 보내준다.

> **참 고**
>
> 스케치를 업로드 할 때 XBee 모듈이 XBee 쉴드에 연결이 되어 있다면 스케치 업로드가 제대로 이루어지지 않는다. 스케치를 업로드 하기 전에 반드시 XBee 모듈을 XBee 쉴드에서 제거하고 스케치를 업로드 하거나 아래 그림과 같이 스위치를 USB라고 실크 흰색으로 실크 인쇄된 쪽으로 이동시킨 다음 업로드를 마치고 업로드가 끝나고 나면 다시 스위치를 XBee 쪽으로 실크 인쇄된 쪽으로 이동하면 XBee를 다시 사용할 수 있다.
>
>

XBee 송신부와 수신부가 제대로 통신이 이루어진다면 아래 그림과 같이 터미널에 REQ, ACK 데이터가 1초에 한 번씩 표시가 된다. 다음 그림에서 데이터를 전송하는 아두이노 보드가 "COM15"이고 데이터를 수신하는 아두이노 보드는 "COM12"이다.

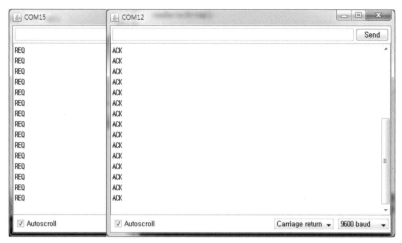

[그림 11-15] 아두이노 보드끼리 지그비 통신 테스트 화면

참고로 아두이노 개발환경에서 시리얼 모니터 화면은 "도구/시리얼 모니터" 메뉴를 통해서 확인할 수 있다.

[그림 11-16] 아두이노 시리얼 모니터 프로그램 실행 방법

11.4 특정 XBee에만 통신하기

이전 Chapter에서는 XBee 송신 모듈에서 데이터를 전송하면 모든 XBee 모듈에 수신되는 형태(Broadcast)로 테스트를 해보았다. 이번에는 내가 원하는 특정 XBee에만 선택적으로 데이터를 송신하는 방법에 대해서 알아보자.

실험에 필요한 준비물들

이전 Chapter와 동일

하드웨어 연결

이전 Chapter와 동일

아두이노를 이용해서 특정 XBee에만 통신하기

2개의 아두이노 보드, XBee 모듈을 가지고 하나는 송신을 하고 다른 하나는 수신을 하는 지그비 네트워크 통신 실험을 해보도록 하는데 이번에는 송신부의 XBee 모듈을 AT 명령어를 사용해서 원하는 XBee 모듈에만 수신이 되도록 송신부의 스케치를 수정하여 테스트 해보도록 하자.

다음 그림과 같이 XBP24 XBee 모듈에는 Destination Address High, Low 바이트가 있다. 이전 Chapter에서 XBee 모듈에 아무 설정을 하지 않았을 경우에는 Destination Address High 바이트가 0x, Destination Address Low 바이트가 0xFFFF로 설정이 되어 있다. 이렇게 설정이 되면 송신되는 데이터가 모든 XBee에 브로드케스트 된다.

이전 Chapter에서는 이 목적지 주소에 아무 설정도 하지 않았기 때문에 기본적으로 모든 XBee 모듈 간에 통신이 이루어진 것이다. XBP24 이전에는 이러한 형태의 데이터 통신 담당을 XBee 코디네이터가 수행하였다.

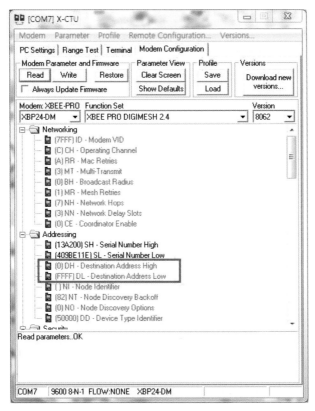

[그림 11-17] XBee Destination Address 설정

이번에는 송신용 XBee모듈의 Destination Address High 바이트의 주소와 Low 바이트의 주소를 송신용 프로그램에서 AT 명령어를 사용해서 목적지의 주소를 수신측 XBee 모듈의 Serial Number로 변경하여 특정 Serial Number를 가진 XBee 모듈에만 수신이 되도록 해보자.

(1) XBee의 Destination Address & Serial Number

X-CTU 프로그램에서 수신용 XBee 모듈의 SH(Serial Number High) 부분과 SL(Serial Number Low) 부분을 확인한다. 송신용 아두이노 스케치에서 AT 명령어를 사용하여 송신용 XBee 모듈의 DH(Destination Address High) 바이트의 값을 수신부의 SH(Serial Number High) 값으로, DL(Destination Address Low) 바이트의 값을 수신부의 SL(Serial Number Low) 값으로 설정하여야 한다.

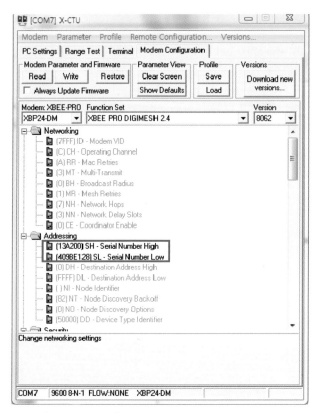

[그림 11-18] XBee Serial Number 설정

(2) 특정 XBee에만 송신하는 프로그램

```
/* 특정 XBee에만 송신하는 프로그램 */

// Pin 13 has an LED connected on most Arduino boards.
int led = 13;
boolean is_xbee_configured = false;

boolean ack = true;

int  serIn;        // var that will hold the bytes-in read from the serialBuffer
char serInString[100];  // array that will hold the different bytes
                        // 100=100characters;
        // -> you must state how long the array will be else it won't work.
int  serInIndx  = 0;    // index of serInString[] in which to insert the next
                        // incoming byte
int  serOutIndx = 0;    // index of the outgoing serInString[] array;
```

```
boolean response_xbee()
{
  String response_ok = "OK\r";
  String response = String("");

  while( response.length() < response_ok.length() )
  {
    if( Serial.available() > 0 )
    {
      response += (char)Serial.read();
    }
  }

  if( response.equals(response_ok))
  {
    // digitalWrite(led, HIGH);
    return true;
  }
  else
  {
    // digitalWrite(led, LOW);
    return false;
  }
}

boolean configure_xbee()
{
  // XBee를 명령 모드로 진입 시킨다.
  Serial.print("+++");

  if( response_xbee() )
  {
    Serial.print("ATDH13A200\r");
    Serial.print("ATDL409BE128\r");
    Serial.print("ATCN\r");
  }
  else
  {
    return false;
  }
```

```
    return true;
}

// the setup routine runs once when you press reset:
void setup()
{
  // initialize the digital pin as an output.
  pinMode(led, OUTPUT);
  Serial.begin(9600);
  digitalWrite(led, LOW);

  is_xbee_configured = configure_xbee();

}

void loop()
{

  if( is_xbee_configured )
  {
    if( ack == true )
    {
      digitalWrite(led, HIGH);   // turn the LED on
      delay(1000);               // wait for a second

      Serial.print("REQ");
      Serial.println();

      ack = false;
    }

    readSerialString();

    if( serInIndx > 4 )
    {
      if( strncmp(serInString, "ACK", 2)  == 0 )
      {
        // Read XBee "ACKWCrWLf" Data
        ack = true;

        digitalWrite(led, LOW);   // turn the LED off
```

```
            delay(1000);                    // wait for a second
        }
        serOutIndx = 0;
        serInIndx  = 0;
      }
  }
  else
  {
    delay(2000);

    is_xbee_configured = configure_xbee();  // Retry configure
  }


}

void readSerialString ()
{
    int sb;
    if(Serial.available()) {
        // Serial.print("reading Serial String: ");        //optional confirmation
        while (Serial.available()){
            sb = Serial.read();
            serInString[serInIndx] = sb;
            serInIndx++;
            //serialWrite(sb);                              //optional confirmation
        }
        //Serial.println();
    }
}

void printSerialString()
{
    if( serInIndx > 0) {

        //loop through all bytes in the array and print them out
        for(serOutIndx=0; serOutIndx < serInIndx; serOutIndx++) {
            Serial.print( serInString[serOutIndx] );
                //print out the byte at the specified index
            //serInString[serOutIndx] = "";  //optional: flush out the content
        }
        //reset all the functions to be able to fill the string back with content
```

```
        serOutIndx = 0;
        serInIndx  = 0;


    }
}
```

위의 코드를 보면 이전 Chapter에서 추가된 부분은 configure_xbee() 함수이다. configure_xbee()에서 하는 일은 AT 명령어를 사용하여 송신측 XBee 모듈의 Destination Address를 설정하는 것이다. 스케치에서 코드를 좀 더 자세히 보면 XBee를 명령어 실행 모드로 진입시키는 "+++"와 3개의 AT명령어를 사용하고 있다.

- ATDH 명령어

    Destination Address High 바이트를 설정하는 명령어
    ex) ATDH13A200
    DH(Destination Address High)를 수신부의 SH(Serial Number High)의 값으로 설정

- ATDL 명령어

    Destination Address High 바이트를 설정하는 명령어
    ex) ATDL409BE128
    DL(Destination Address Low)를 수신부의 SL(Serial Number Low)의 값으로 설정

- ATCN

    XBee 모듈의 명령어 모드를 종료하고 설정 내용을 저장한다.

스케치를 테스트하는 방법은 이전 Chapter와 동일하다. 이번 예제에서 모드 XBee에 데이터를 브로드케스트하고 있는 수신부를 지그비 코디테이터의 역할, 특정 시리얼 넘버를 가진 XBee에만 데이터를 전송하는 송신부를 지그비 라우터 역할이하고 생각할 수 있다.

블루투스 통신

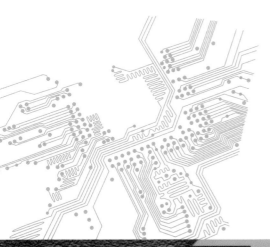

12

C/H/A/P/T/E/R

이전에도 블루투스 근거리 통신을 이용한 무선 헤드 셋, 무선 마우스, 키보드 등에 응용이 되던 블루투스 응용제품들이 많이 있었지만 최근에 스마트 폰에 블루투스 기능이 거의 기본으로 탑재가 되면서 관련 액세서리 산업도 급격하게 발전하면서 관심이 커지고 있다. 이번 Chapter에서는 안드로이드 스마트 폰과 아두이노 보드를 블루투스 근거리 통신으로 연결하여 스마트 폰에서 아두이노를 제어하는 실습을 해볼 것이다.

12.1   블루투스 통신

블루투스(Bluetooth)는 1994년 에릭슨이 최초로 개발한 개인 근거리 무선 통신(PANs)을 위한 산업 표준이다. 블루투스는 나중에 블루투스 SIG(Special Interest Group)가 정식화하였고, 1999년 5월 20일 공식적으로 발표되었다. 블루투스 SIG에는 소니 에릭슨, IBM, 노키아, 도시바가 참여하였다. 블루투스라는 이름은 덴마크의 국왕 헤럴드 블라트란트를 영어식으로 바꾼 것이다. 제안을 한 사람은 Jim Kardach인데, 계기는 Frans Gunnar Bengtsson의 바이킹과 헤럴드 블라트란트의 관한 역사 소설 The Long Ships를 읽고 있어서 제안했다. 블루투스가 스칸디나비아를 통일한 것처럼 무선통신도 블루투스로 통일하자는 의미인 것이다.

IEEE 802.15.1 규격을 사용하는 블루투스는 PANs(Personal Area Networks)의 산업 표준이다. 블루투스는 다양한 기기들이 안전하고 저렴한 비용으로 전 세계적으로 이용할 수 있는 무선 주파수를 이용해 서로 통신할 수 있게 한다. 블루투스는 ISM 대역인 2.45 GHz를 사용한다. 버전 1.1과 1.2의 경우 속도가 723.1kbps에 달하며, 버전 2.0의 경우 EDR(Enhanced Data Rate)을 특징으로 하는데, 이를 통해 2.1Mbps의 속도를 낼 수 있다.

블루투스는 유선 USB를 대체하는 개념이며, 와이파이(Wi-Fi)는 이더넷(Ethernet)을 대체하는 개념이다. 암호화에는 SAFER(Secure And Fast Encryption Routine)+을 사용한다. 장치끼리 믿음직한 연결을 성립하려면 키워드를 이용한 페어링(pairing)이 이루어지는데, 이 과정이 없는 경우도 있다. - 이상 Wikipidia 참조 -

블루투스 1.0을 시작으로 2014년 현재 4.1버전까지 업데이트가 되었다.

[그림 12-1] 블루투스 응용분야

위의 그림은 최근에 블루투스 통신이 사용되는 주요 제품들을 나열해 본 것이다. 위의 제품들 이외에도 우리 일상생활에 무수히 많은 제품들에 응용이 되고 있다. 그리고 블루투스 통신에는 응용 분야에 따라서 여러 가지 프로파일(Profile)로 세분화 되어 있다.

블루투스 프로파일

프로파일(Profile)이란 블루투스와 기기사이의 통신규약으로 프로토콜이라고 한다. 프로파일의 종류에 따라 기능이 다르다. 우리가 사용하는 HC-06 모듈은 여러 가지 프로파일 중에서 시리얼 통신을 하기 위한 SPP(Serial Port Profile) 프로파일이 구현된 것이다.

12.2 안드로이드 스마트 폰으로 LED 제어하기

이번 실험은 블루투스 기능이 있는 안드로이드 스마트 폰을 이용하여 스마트 폰에서 블루투스 응용 프로그램을 이용하여 아두이노 보드에 연결된 LED를 제어하는 실습을 해보도록 하겠다.

실험에 필요한 준비물들

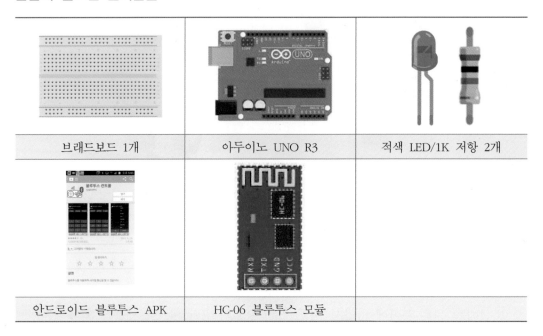

브래드보드 1개	아두이노 UNO R3	적색 LED/1K 저항 2개
안드로이드 블루투스 APK	HC-06 블루투스 모듈	

하드웨어 연결

우리가 사용하는 HC-06 블루투스 모듈은 아두이노에서 시리얼 통신을 이용해서 통신을 할 수 있는 모듈이다. 4개의 핀이 있는 RXD, TXD, GND, VCC 핀을 가지고 있다. 블루투스 모듈의 VCC 핀을 아두이노 보드의 3.3V 출력 포트와 GND 핀은 아두이노 보드의 GND 포트와 연결을 하면 되고 RXD 핀은 아두이노 보드의 D3포트와 연결하고 TXD 핀은 아두이노 보드의 D2 포트와 연결을 한다.

HC-06 모듈의 TXD 핀을 아두이노 보드의 D0(RXD) 포트와 RXD 핀을 아두이노 보드의 D1(TXD)핀과 연결하여 시리얼 통신을 해도 되지만 여기서는 아두이노의 소프트웨어 시리얼 포트를 이용해서 통신을 하기 위해서 D2, D3 포트에 연결을 하였다.

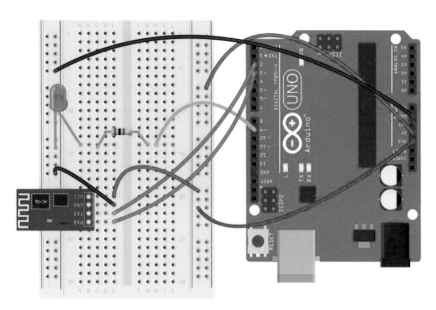

[그림 12-2] HC-06 모듈 연결 배선도

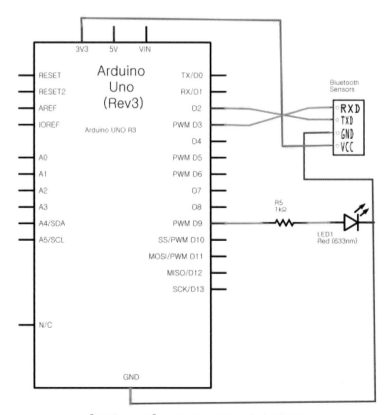

[그림 12-3] HC-06 모듈 연결 회로도

프로그램 작성

아두이노 스케치에 아래와 같은 코드를 작성한다.

```
#include <SoftwareSerial.h>

int bluetoothTx = 2;
int bluetoothRx = 3;
int LED = 9;

SoftwareSerial bluetooth(bluetoothTx, bluetoothRx);

void setup()
{
  Serial.begin(9600);
  delay(100);
  bluetooth.begin(9600);
  pinMode(LED, OUTPUT);
}

void loop()
{
  char cmd;
  if(bluetooth.available() )
  {
    cmd = (char)bluetooth.read();
    Serial.print("Command = ");
    Serial.println(cmd);

    if( cmd == '1' )
    {
      Serial.println("LED ON");
      digitalWrite(LED, HIGH);
    }

    if( cmd == '2' )
    {
      Serial.println("LED OFF");
      digitalWrite(LED, LOW);
    }
  }
}
```

#include 〈SoftwareSerial.h〉

원래 시리얼 통신을 하기 위해서는 아두이노 보드의 D0(RXD), D1(TXD) 2개의 포트를 이용해야 하는데 D0, D1 포트를 이용하면 하드웨어적으로 정확하게 이야기하면 ATMEGA CPU에서 지원하는 하드웨어 시리얼 포트를 이용하는 것이고 아두이노에서는 소프트웨어적으로 시리얼 통신을 할 수 있는 라이브러리를 지원하는데 이 라이브러리를 사용하기 위해서 필요하다.

int bluetoothTx = 2;

블루투스 모듈의 Rx핀과 연결될 아두이노 보드의 D2 포트

int bluetoothRx = 3;

블루투스 모듈의 Tx핀과 연결될 아두이노 보드의 D3 포트

int LED = 9;

안드로이드 스마트 폰에서 제어할 LED가 연결된 포트

SoftwareSerial bluetooth(bluetoothTx, bluetoothRx);

소프트웨어 시리얼 포트를 사용하기 위해서 선언한다.

Serial.begin(9600);

하드웨어 시리얼 포트를 9600bps 속도로 초기화한다.

Serial.begin(9600);

소프트웨어 시리얼 포트를 9600bps 속도로 초기화한다.

if(bluetooth.available())

블루투스 모듈로부터 송신된 데이터가 있다면 ...

cmd = (char)bluetooth.read();

블루투스 모듈로부터 송신된 데이터를 읽음

Serial.print("Command = ");
Serial.println(cmd);

블루투스 모듈로부터 송신된 데이터를 시리얼 포트로 출력

```
if( cmd == '1' )
{
  Serial.println("LED ON");
  digitalWrite(LED, HIGH);
}
```
> 송신된 데이터가 '1'이면 LED를 켠다.

```
if( cmd == '2' )
{
  Serial.println("LED OFF");
  digitalWrite(LED, LOW);
}
```
> 송신된 데이터가 '2'이면 LED를 끈다.

실행결과

이번 예제를 실행하기 위해서는 안드로이드 운영체제의 스마트 폰과 블루투스 응용 프로그램이 필요하다. LED를 제어하는 블루투스 제어 애플리케이션(앱)을 개발하는 방법을 설명하기에는 이 책의 범위를 한참 벗어나기 때문에 이번 실험을 할 수 있는 안드로이드용 애플리케이션은 이미 안드로이드 앱 장터에 많이 있기 때문에 그중에 한 가지를 다운로드하여 설치하여 테스트해보도록 하겠다.

(1) 애플리케이션 설치

안드로이드 마켓에서 아래 그림과 같은 애플리케이션을 다운로드 하고 설치한다. 애플리케이션 이름은 "블루투스 컨트롤"이라는 애플리케이션이다. 참고로 아래 애플리케이션 개발자의 이메일(ckh12312@gmail.com) 주소이다.

[그림 12-4] HC-06 모듈 연결 회로도

(2) HC-06 블루투스 모듈과 페어링

블루투스 장치들끼리는 통신을 하기 전에 페어링이라는 과정을 거쳐야 한다. 한번 페어링이 완료된 장치들끼리는 이런 과정을 거치지 않아도 자동으로 송수신이 가능하다.

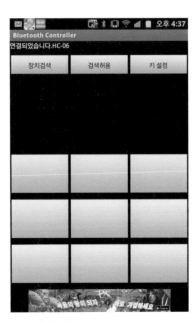

[그림 12-5] 블루투스 페어링

폐어링을 하기위해서는 비밀번호를 입력해야 하는데 HC-06 모듈의 초기 비밀번호는 "1234"이다.

(3) 블루투스 애플리케이션 키(버튼) 설정

블루투스 애플리케이션의 "키 설정"이라는 메뉴를 이용해서 "ON"="1"로 설정하고 "OFF"="2"로 설정한다.

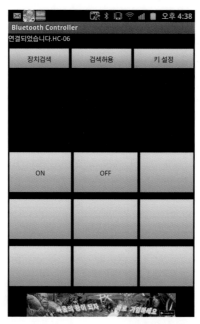

[그림 12-6] 블루투스 애플리케이션 키 설정

(4) 아두이노에 연결된 HC-06 모듈과의 통신

블루투스 애플리케이션에서 "ON" 버튼과 "OFF" 버튼을 눌러서 아두이노 보드에 연결된 LED가 켜지거나 혹은 꺼지는지를 확인한다.

이더넷(Ethernet) 네트워킹

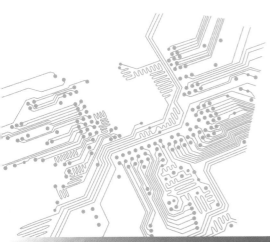

13

C/H/A/P/T/E/R

13.1 　이더넷(Ethernet)이란?

　　이전 절에서 ZigBee 네트워킹을 이용해서 센서의 데이터를 ZigBee 각 노드들 간에 근거리에서 무선으로 전송하는 실험을 해보았다면 거리에 상관없이 아두이노 보드를 인터넷망 혹은 LAN(Local Network Area)에 연결하여 센서 데이터를 공유하고 싶다면 이더넷(Ethernet)을 이용하면 쉽게 할 수 있다.

> **참 고**
>
> 　　이더넷(Ethernet)은 LAN을 위해 개발된 컴퓨터 네트워크 기술로, "이더넷"이라는 이름은 빛의 매질로 여겨졌던 에테르(ether)에서 유래되었다. 이더넷은 OSI 모델의 물리 계층에서 신호와 배선, 데이터 링크 계층에서 MAC(media access control) 패킷과 프로토콜의 형식을 정의한다. 이더넷 기술은 대부분 IEEE 802.3 규약으로 표준화되었다.　- *위키백과 인용*

13.2 　Arduino Ethernet Shield 소개

　　임베디드 하드웨어를 인터넷망에 연결하는 작업은 쉬운 작업은 아니다. 물리적으로는 이더넷 포트(소켓)와 이더넷 통신의 물리계층부터 어플리케이션 계층 이전까지를 처리해줄 이더넷 통신 Chip과 TCP/IP, UDP 등 프로토콜을 지원해줄 복잡한 소프트웨어가 필요하다. 하지만 이것들에 대해서 모른다고 해서 걱정하지 마라. 다행히도 우리에게는 아두이노에서 제공하는 Ethernet Shield라는 하드웨어 보드와 아두이노 IDE와 함께 제공되는 강력한 소프트웨어 라이브러리가 있다. Arduino Ethernet Shield 이용하면 간단한 작업으로도 이더넷 통신을 할 수가 있다.

　　Arduino Ethernet Shield는 Wiznet W5100 Ethernet IC를 사용하여 TCP, UDP, ICMP 등의 네트워크 연결에 대한 처리를 할 수 있도록 도와준다. 이 하드웨어는 단독으로 사용할 수는 없고 Arduino UNO R3와 연결하여 사용 가능하다.

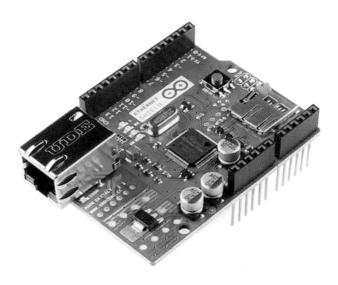

[그림 13-1] 아두이노 Ethernet Shield

웹 클라이언트(고정 IP)

Arduino Ethernet Shield에 고정 IP 주소를 아두이노 스케치에서 설정한 이후에 인터넷 웹서버에 접속해서 인터넷 페이지를 요청하는 실험을 해보자. 구글이나 네이버 등의 웹서버의 검색 메인페이지에 접속해서 어떤 데이터가 오는지를 확인해 보자. 이 실험은 Arduino Ethernet Shield가 정상 동작을 하는지 확인해 볼 수 있는 가장 쉬운 방법이다. 이전까지는 Arduino UNO R3 보드만 필요했지만 이더넷 실험을 하기 위해서는 Arduino Ethernet Shield 하드웨어도 같이 필요하다.

실험에 필요한 준비물들

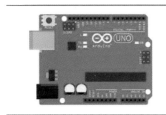	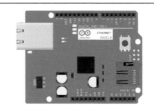	
Arduino UNO R3 1개	Arduino Ethernet Shield 1개	RJ45 인터넷 케이블

하드웨어 연결

아래 그림과 같이 Arduino UNO R3하드웨어와 Arduino Ethernet Shield 하드웨어를 적층하고 네트워크 케이블을 이용하여 Ethernet Shield의 RJ45 유선 랜 포트와 네트워크 HUB 혹은 인터넷 망에 연결한다.

[그림 13-2] 아두이노 UNO R3 보드와 Ethernet Shield 보드 적층

프로그램 작성

아두이노 스케치에 아래와 같은 코드를 작성한다.

```
/*
   Web client

   This sketch connects to a website (http://www.google.com)
   using an Arduino Wiznet Ethernet shield.
*/

#include <SPI.h>
#include <Ethernet.h>

// Enter a MAC address for your controller below.
// Newer Ethernet shields have a MAC address printed on a sticker on the
shield
byte mac[] = { 0xDE, 0xAD, 0xBE, 0xEF, 0xFE, 0xED };

// if you don't want to use DNS (and reduce your sketch size)
// use the numeric IP instead of the name for the server:
```

```
char server[] = "www.google.com";     // name address for Google (using DNS)

// Set the static IP address to use if the DHCP fails to assign
IPAddress ip(192,168,219,161);

// Initialize the Ethernet client library
// with the IP address and port of the server
// that you want to connect to (port 80 is default for HTTP):
EthernetClient client;

void setup() {
  // Open serial communications and wait for port to open:
  Serial.begin(9600);
   while (!Serial) {
    ; // wait for serial port to connect. Needed for Leonardo only
  }

  // start the Ethernet connection:
  if (Ethernet.begin(mac) == 0) {
    Serial.println("Failed to configure Ethernet using DHCP");
    // no point in carrying on, so do nothing forevermore:
    // try to congifure using IP address instead of DHCP:
    Ethernet.begin(mac, ip);
  }
  // give the Ethernet shield a second to initialize:
  delay(1000);
  Serial.println("connecting...");

  // if you get a connection, report back via serial:
  if (client.connect(server, 80)) {
    Serial.println("connected");
    // Make a HTTP request:
    client.println("GET /?gws_rd=cr&amp;ei=joumUuCxEIrekAXNpIDoCw
HTTP/1.1");
    client.println();
  }
  else {
    // If you didn't get a connection to the server:
    Serial.println("connection failed");
  }
```

```
  }

  void loop()
  {
    // if there are incoming bytes available
    // from the server, read them and print them:
    if (client.available()) {
      char c = client.read();
      Serial.print(c);
    }


    // if the server's disconnected, stop the client:
    if (!client.connected()) {
      Serial.println();
      Serial.println("disconnecting.");
      client.stop();

      // do nothing forevermore:
      while(true);
    }
  }
```

이 코드는 단순히 네트워크 설정이 잘 되었는지를 확인하기 위해서 구글 웹서버에 HTTP 프로토콜로 접속해서 GET 메소드를 요청하는 코드이다. 참고로 이 예제는 아두이노 사의 튜토리얼(http://arduino.cc/en/Tutorial/WebClient)에서 약간 수정한 코드이다.

char server[] = "www.google.com";

Ethernet Shield에서 접속할 웹 서버의 도메인 이름을 지정하면 된다. "www.deviceshop .net", "www.naver.com" 등 어떠한 웹 서버가 오더라도 상관은 없다.

IPAddress ip(192,168,219,161);

Ethernet Shield가 사용할 IP주소를 지정하면 된다. DHCP(Dynamic Host Configuration Protocol)를 이용해서 자동으로 IP를 할당하는데 실패한다면 이 주소를 사용해서 인터넷 망에 접속할 것이다. 어떤 IP 주소로 할당할지를 잘 모르겠다면 네트워크 관리자가 있다면 관리자에게 문의하거나 도움을 청할 사람이 없다면 보통은 아래 그림과 같은 절차에 의해서 짐작을 할 수 있다. 윈도에서 명령 프롬프트 창을 실행시키고 "ipconfig" 명령을 실행한다.

[그림 13-3] PC의 이더넷 IP 주소 확인

위의 그림에서 "IPv4 주소"에 해당하는 192.168.219.160는 현재 윈도 PC가 사용하고 있는 IP주소이다. 그러므로 192.168.219.160를 제외한 192.168.219.xxx IP주소를 사용하면 된다. 물론 이러한 방법도 Gateway에 따라서 항상 맞는 방법은 아니지만 일반적인 경우에는 이러한 방법으로 찾아낼 수 있다. 여기서 주의해야 할 점은 사내 혹은 학교 등에서 다수의 PC가 운영되는 네트워크에 속해 있다면 192.168.219.xxx의 주소는 중복이 되어서 사용하면 안 된다는 것이다.

client.println("GET /?gws_rd=cr&ei=joumUuCxEIrekAXNplDoCw HTTP/1.1");

위의 코드에서 "/?gws_rd=cr&ei=joumUuCxEIrekAXNplDoCw"는 구글의 시작페이지를 나타내는 것이다. 이 방법 이외에도 구글 서버에 다양한 Client 요청을 할 수 있다.

- "GET /search?q=arduino HTTP/1.1" : 구글 서버에 "arduino"라는 검색어로 검색요청

실행결과

아두이노 시리얼모니터 윈도에 "connected"라는 문자가 표시 된다면 일단은 Arduino Ethernet Shield의 네트워크 설정이 올바르게 된 것이다. "connection failed"라는 문자가 보인다면 스케치 코드의 IP 주소 설정이나 네트워크 케이블이 올바르게 연결이 되었는지를 확인한다. 연결이 성공적이라면 시리얼 모니터에 아래와 유사하게 표시가 될 것이다.

[그림 13-4] 구글 검색 실행 결과

위의 내용을 복사해서 google.html이라는 파일로 저장을 한 다음 웹 브라우저에서 열어 보자. 저장을 할 때 "⟨html⟩" 태그로 시작하는 부분에서 "⟨/html⟩"로 끝나는 부분까지만 저장을 해야 한다.

[그림 13-5] 인터넷 브라우저에서 실행결과 확인

아마도 위와 유사한 내용을 랜더링 해줄 것이다. 여기까지는 Ethernet Shield가 웹 클라이 언트의 역할을 수행하는 실험을 해보았다. 다음 Chapter에서는 Ethernet Shield를 웹 서버로 변신시켜보자.

13.4 웹 브라우저로 아두이노 LED 제어하기

이번에는 Ethernet Shield를 웹 서버로 변신시켜 웹 클라이언트(인터넷브라우저)에서 아두이노에 있는 LED를 켜거나 혹은 끄는 테스트를 해볼 것이다. 아두이노를 웹 클라이언 트로 동작시키는 것보다는 서버로 동작시키는 것이 많은 흥미로운 실험을 더 해볼 수 있다.

이번 예제에서는 단순히 LED를 On/Off 하는 테스트이지만 만약 아두이노 Ethernet Shield가 온도센서, 조도센서, 습도센서 등에 연결이 되어 있다면 인터넷 브라우저를 통해서 각종 센서들의 값을 조회할 수도 있다.

실험에 필요한 준비물들

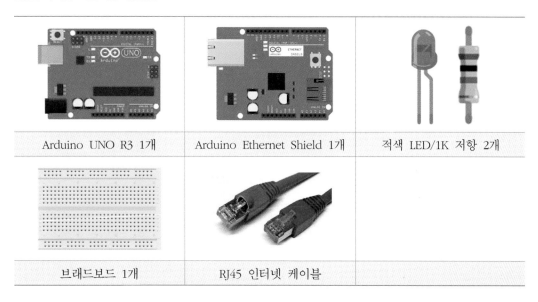

Arduino UNO R3 1개	Arduino Ethernet Shield 1개	적색 LED/1K 저항 2개
브래드보드 1개	RJ45 인터넷 케이블	

하드웨어 연결

우선 아두이노 UNO R3 보드와 Ethernet Shield를 적층한다. 그리고 나서 아래 그림과 같이 웹 브라우저에서 제어할 LED를 아두이노 보드의 D3포트에 연결한다. 배선 연결은 비교적 간단하다.

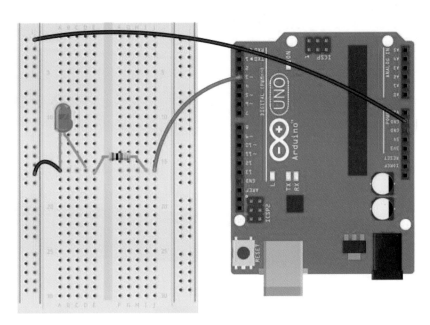

[그림 13-6] 웹 브라우저로 아두이노 LED 제어하기 배선도

위의 그림의 배선도에는 아두이노 UNO R3 그림만 보이지만 실제 실험을 하기위해서는 그림 13-2처럼 아두이노 UNO R3와 Ethernet Shield를 적층해서 실험을 해야 한다.

프로그램 작성

아두이노 스케치에 아래와 같은 코드를 작성한다.

```
#include <SPI.h>
#include <Ethernet.h>

// Enter a MAC address and IP address for your controller below.
// The IP address will be dependent on your local network:
byte mac[] = { 0xDE, 0xAD, 0xBE, 0xEF, 0xFE, 0xED };
IPAddress ip(192,168,219,161);
```

```
// Initialize the Ethernet server library
// with the IP address and port you want to use
// (port 80 is default for HTTP):
EthernetServer server(80);

int led = 3;
String get_method_string = String(20);

void setup()
{
    // initialize the digital pin as an output.
    pinMode(led, OUTPUT);
    digitalWrite(led, LOW);     // turn the LED off by making the voltage LOW


    // Open serial communications and wait for port to open:
    Serial.begin(9600);

    while (!Serial) {
      ; // wait for serial port to connect. Needed for Leonardo only
    }


    // start the Ethernet connection and the server:
    Ethernet.begin(mac, ip);
    server.begin();

    Serial.print("server is at ");
    Serial.println(Ethernet.localIP());

}

void loop() {
    // listen for incoming clients
    EthernetClient client = server.available();

    if (client)
    {
      Serial.println("new client");
      // an http request ends with a blank line
```

```
    boolean currentLineIsBlank = true;
    while (client.connected())
    {
      if (client.available())
      {
        char c = client.read();

        if( get_method_string.length() < 30 )
            get_method_string.concat(c);

        Serial.write(c);
        // if you've gotten to the end of the line (received a newline
        // character) and the line is blank, the http request has ended,
        // so you can send a reply
        if (c == '\n' && currentLineIsBlank) {
          // send a standard http response header
          client.println("HTTP/1.1 200 OK");
          client.println("Content-Type: text/html");
          client.println("Connection: close");  // the connection will be closed
after completion of the response
          client.println();

          client.println("<!DOCTYPE HTML>");
          client.println("<html>");
          client.println("<head><title>Arduino LED ON/OFF
Test</title></head>");
          client.println("<body>");

          client.println("<br />Arduino LED(Pin13) ON/OFF Test<br /><br
/><br />");
          client.println("<form method=\"get\" name=\"led\">");
          client.println("<input type=\"submit\" name=\"button1\"
value=\"LED ON\" />");
          client.println("<input type=\"submit\" name=\"button2\"
value=\"LED OFF\" />");
          client.println("</form>");
          client.println("</body>");
          client.println("</html>");

          if(get_method_string.indexOf("button1=LED+ON")!=-1)
```

```
      {
          digitalWrite(led, HIGH);  // LED ON
          Serial.println("=== LED ON");
      }
      else
      {
          digitalWrite(led, LOW);  // LED OFF
          Serial.println("=== LED OFF");
      }

      Serial.println("get_method_string = " + get_method_string);
      get_method_string = "";

      break;
      }
    if (c == '\n')
    {
      // you're starting a new line
      currentLineIsBlank = true;
    }
    else if (c != '\r')
    {
      // you've gotten a character on the current line
      currentLineIsBlank = false;
    }
    }
  }
  // give the web browser time to receive the data
  delay(1);
  // close the connection:
  client.stop();
  Serial.println("client disconnected");
  }
}
```

EthernetServer server(80);

인터넷 웹 서버(HTTP 서버)는 보통 80 포트를 사용하게 된다.

이 예제를 이해하기 위해서는 HTTP 프로토콜과 HTML에 대한 약간의 이해가 필요하다. HTTP 프로토콜에 대한 자세한 내용은 http://www.w3.org/Protocols/rfc2616/rfc2616-sec5.html 에서 확인할 수 있다. 많은 내용들이 있지만 우리가 알아야할 중요한 내용은 웹 클라이언트(브라우저)에서 어떤 요청이 올 때 마지막에 항상 "CRLF"가 붙는 것이다. 이 점을 이용해서 스케치 코드 작성시에 웹 클라이언트의 요청에 대한 서버(Ethernet Shield)의 HTTP 응답을 하면 된다.

실행결과

인터넷 브라우저를 통해서 아두이노 Ethernet Shield의 네트워크 IP로 접속을 한다.

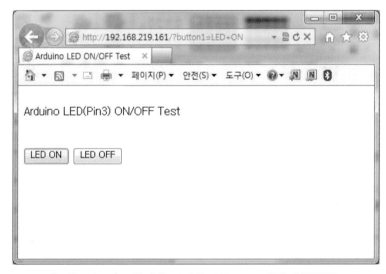

[그림 13-7] 인터넷 브라우저로 LED 제어 실행화면

이제 브라우저에서 "LED ON" or "LED OFF" 버튼을 눌러서 UNO R3에 있는 LED 상태에 변화가 있는지를 확인해 본다.

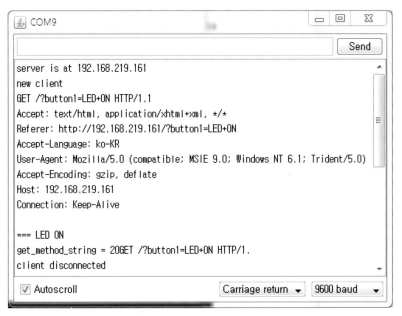

[그림 13-8] LED제어 시리얼모니터 실행화면

이 외에도 아두이노에 스텝 모터가 있는 IP 카메라 등이 연결되어 있다면 인터넷브라우저를 통해서 모터를 제어해서 원격지의 IP 카메라의 상하좌우를 조정하여 원하는 장소의 화면을 볼 수도 있을 것이다.

사물인터넷이란?

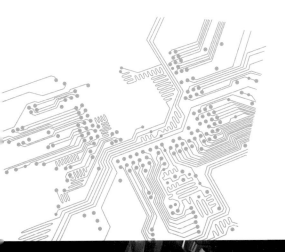

14

C/H/A/P/T/E/R

14.1 사물인터넷이란 무엇인가?

사물인터넷을 자세히 알아보기 전에 우선 사물인터넷이 활성화되면 가정에서의 우리 생활이 어떻게 변화되는지 상상해 보자. 지난밤에 약간 과음을 하고 늦은 시간에 귀가하여 잠이 들었고, 아침 7시에 내 스마트폰에서 평소 내가 좋아하는 음악 소리의 알람에 따라서 무겁게 눈을 뜬다. 평소에는 아메리카노를 즐겨 마시지만 집안에 설치된 환경 센서를 통해서 음주를 했다는 사실을 스마트폰에게 자동으로 통보를 하고 스마트폰은 다시 커피머신에게 7시 전에 아메리카노 대신 음주 후에 즐겨 마시는 시원한 까페라떼를 만들어 놓으라고 전달을 한다. 침대와 베게에 설치된 수면 상태 측정 센서와 변기에 설치된 소변 분석 센서는 이미 수면 패턴과 소변을 통한 기초 건강 상태를 체크하여 클라우드 서버에 나만의 생체 보안정보와 함께 전송이 완료된 상태다. 커피를 들고 거실의 소파에 앉으면 TV에서는 내가 가장 관심 있어 하는 분야인 IT소식과 좋아하는 야구단 소식을 리스트해서 보여준다. 가족들과 함께 아침 식사를 마치고 현관에서 아침 인사를 하면 현관에 설치된 스마트 홈 모니터링 시스템은 이러한 행동 패턴을 분석하여 출퇴근용 자동차에게 명령을 하여 엘리베이터 앞으로 이동을 하여 기다리라고 지시한다. 엘리베이터에서 내리면 바로 자동차가 대기 하고 있다.

마치 공상과학영화에서나 가능할만한 이야기이지만 사물인터넷 시대가 되면 머지않아 이러한 생활이 일상화 될 수도 있을 것이다. 이렇듯 사물인터넷이란 가장 간단하게 정리하자면 말 그대로 사물 간에 통신을 주고받는 것이다. 하지만 이와 같이 간단하게 정리하면 사물통신(M2M-Machine to Machine), 과거의 유비쿼터스(Ubiquitous)와 무엇이 다른가? 사물인터넷은 사물간의 통신이라는 기본 전제에 각 사물에 지능(Intelligence)을 더하고 이러한 지능은 인간이 개입(컨트롤) 없이 사물간의 통신으로서 인간의 편의를 위한 데이터를 자동으로 수집하고 이 거대한 빅 데이터를 분석함으로서 지능적으로 인간에게 이로운 편의를 제공하는 것이라고 정의 할 수 있다. 물론 이 교재에서 정의한 사물 인터넷에 대한 정의가 절대적인 것은 아니다. 지금 이 순간에도 사물인터넷은 변화하고 발전하고 있기 때문에 새로운 요구사항과 기술로 변경될 수도 있다. 하지만 가장 중요한 것은 이러한 기술 발전은 인간에게 편리함과 혜택을 주는 방향으로 발전해야 한다는 것이다.

사물인터넷이란 용어를 처음 사용한 것은 1998년 P&G에서 브랜드 매니저로 일하던 케빈 에쉬튼이다. 그는 "RFID 및 센서가 사물에 탑재된 사물인터넷이 구축될 것"이라고 언급하면서 이 용어를 사용했다.

필자가 고등학교 시절 교과서에서 21세기는 정보화 사회라는 내용의 공부를 한 것이 기억이 난다. 그때 선생님께서는 21세기에는 정보화 시대가 될 것이고 정보화 시대에는 정보 그 자체가 부가가치가 되며 정보를 사고파는 시대가 될 것이라고 하셨다. 그때는 선생님께서 하신 말씀이 무슨 내용인지를 제대로 이해가 되지 않았고, 그냥 시험에 나올 수도 있으니 머리에 암기하느라고 바빴는데, 지금에 와서야 몸으로 체험을 하고 있는 것 같다. 그때가 1990년이었으니까 그로부터 24년이라는 시간이 지났고 지금은 유비쿼터스 시대를 지나 사물인터넷(IOT - Internet of Things) 시대를 맞이하고 있다.

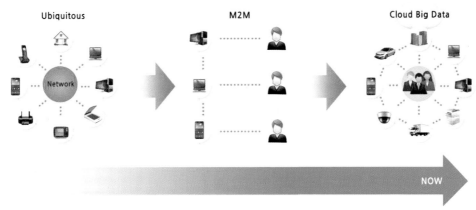

[그림 14-1] 사물인터넷의 기본 개념]

참 고

유비쿼터스(Ubiquitous)는 라틴어 'ubique'를 어원으로 하는 영어의 형용사로 '동시에 어디에나 존재하는, 편재하는' 이라는 사전적 의미를 가지고 있다. 즉, 시간과 장소에 구애받지 않고 언제나 정보통신망에 접속하여 다양한 정보통신서비스를 활용할 수 있는 환경을 의미한다. 또한, 여러 기기나 사물에 컴퓨터와 정보통신기술을 통합하여 언제, 어디서나 사용자와 커뮤니케이션 할 수 있도록 해 주는 환경으로써 유비쿼터스 네트워킹 기술을 전제로 구현된다. 사용자가 네트워크나 컴퓨터를 의식하지 않고 장소에 상관없이 자유롭게 네트워크에 접속할 수 있는 정보통신 환경이다. - wikipedia 참조

M2M(Machine to Machine)은 사물인터넷 용어와 혼용되어 사용되기도 하고 유사한 면도 있지
만 엄밀히 말해서 M2M은 기계와 기계간의 통신을 이야기 하며 사물인터넷의 지능형 통신 서비스
보다는 그 범위가 좁은 사물인터넷의 하위의 개념이라고 생각하면 된다. M2M 서비스의 예를
들어보면 고속도로 하이패스 시스템, 수도, 가스 사용량 원격검침, 버스 정류장에 있는 버스
도착 알림 서비스 등이 있다.

14.2 사물인터넷 주요 서비스

사물인터넷을 이용한 주요 서비스에 대해서 구체적으로 알아보자. 이번 절의 대부분
내용은 2014.5월에 미래창조과학부에서 발표한 "사물인터넷 기본계획"의 내용을 참조하여
작성하였다.

개인 IoT – 사용자 중심의 편리하고 쾌적한 삶

[표 14-1] 2014.5월 미래창조과학부 발표자료]

Car as a service	Healthcare as a service	Home as a service
차량을 인터넷으로 연결	심장박동, 운동량 정보 제공	주거환경 IoT 통합 제어
안전하고 편리한 운전	개인 건강 증진	생활 편의, 안전성 제고
※ 긴급구난 자동전송, 무인 자율 주행 서비스 등	※ 심장박동 케어, 건강 팔찌 케어 서비스 등	※ 가전·기기 원격제어, 홈 CCTV 서비스 등

산업 IoT – 생산성·효율성 향상 및 신 부가가치 창출

[표 14-2] 2014.5월 미래창조과학부 발표자료

Factory as a Service	Farm(&Food) as a Service	Product as a Service
공정분석 및 시설물 모니터링	생산·가공·유통 IoT 접목	주변 생활제품의 IoT 접목
작업 효율 및 안전 제고	생산성향상 및 안전유통체계	고부가 서비스 제품화
※ 제조설비 실시간 니터링, 위험물 감지·경보 서비스	※ 스마트 팜·축사·양식장, 식품 생산유통이력 정보 제공 서비스 등	※ 식습관관리 포크, 심장 박동음 전달 베게, 행동 패턴 분석 신발 등

공공(도시) IoT – 살기 좋고 안전한 사회 실현

[표 14-3] 2014.5월 미래창조과학부 발표자료

Public Safety as a Service	Environment as a Service	Energy as a Service
CCTV, 노약자 GPS 등 IoT 정보 제공	대기질, 쓰레기양 등 IoT 정보 제공	에너지 관련 IoT 정보 제공
재난·재해 예방	환경오염 최소화	에너지 관리 효율성 증대
※ 어린이/노인 안심이, 재난재해 예보 서비스 등	※ 스마트 환경정보 제공, 스마트 쓰레기통 서비스 등	※ 스마트 건물에너지 관리, 스마트미터, 스마트 플러그 서비스 등

　　이렇듯 사물인터넷의 범위는 작게는 개인 서비스에서 크게는 도시 사물인터넷, 국가 사물 인터넷으로 그 범위는 확장될 수 있으며 미래에는 국가를 넘어선 전 세계가 사물인터넷으로 연결되는 그런 날이 올지도 모르겠다. 참고로 현재 여러 문헌과 자료에 따르면 개인 서비스를 위한 사물인터넷 서비스 중에서도 헬스케어 제품이 가장먼저 사물인터넷의 물꼬를 틀것으로 예측을 하고 있다. 현재에도 여러 웨어러블 기기와 스마트 디바이스들이 심박수 측정과 혈당측정, 운동량 측정 등의 기능을 장착하여 이미 출시되어 있고 전 세계의 글로벌 기업들이 이 분야에서 가장 많은 기기들을 출시하고 있다.

14.3 주요 IoT 제품 및 서비스 동향

　　이렇게 설명을 해도 아직 사물인터넷이 무엇인지 개념이 정확히 잡히지 않을 수 있다. 현재 이미 출시되어 있는 주요 사물 인터넷 서비스와 제품을 조사해 봄으로서 조금 더 구체적으로 사물인터넷에 대해서 알아보자. 이 자료 또한 2014.5월에 미래창조과학부에서 발표한 "사물인터넷 기본계획"의 내용을 참조하였다.

[표 14-4] 2014.5월 미래창조과학부 발표자료

	**무선 실시간 혈압 모니터링** - 제조사 : 미국, iHealth Lab - 블루투스를 통해 스마트폰 앱과 연동되어 실시간으로 혈압을 모니터링
	**해피포크(HAPIfork)** - 제조사 : 홍콩, HapiLabs - 음식 투입속도 및 포크 이용 횟수 등 측정 - 사용자가 음식을 먹는 데 투입하는 속도와 포크질 횟수 등을 측정해 다이어트에 필요한 식습관을 제안할 수 있음 - 측정된 기록은 블루투스를 이용해 스마트폰이나 컴퓨터로 바로 동기화할 수 있음.

유린케어(UrinCare)

- 제조사 : 한국, 아이티헬스
- 스마트폰 기반의 대 · 소변 관리시스템
- 스마트폰 기반의 대소변 관리 시스템, ZigBee 기반의 센서를 내장한 기저귀와 감지시스템으로 구성
- 스스로 대소변을 처리하기 힘든 고령층 및 환자가 대소변시보호자 혹은 요양사에게 자동으로 정보를 전송

커넥티드 자전거

- 제조사 : 한국, 삼성
- 자전거 주행속도, 운행거리 및 자신의 운동량 등 파악
- 미국의 자전거 제조업체 트렉(Trek)사와 협업해 갤럭시 노트3와 연동된'커넥티드 자전거'를 개발
- 자전거에 설치된 센서가 실시간으로 주행 속도, 운행 거리 등을 측정하여 자전거는 핸들 중앙에 거치되어 있는 스마트 폰으로 자신의 운동량이나 주행 거리 등을 파악

에이스캔(A-Scan)

- 제조사 : 한국, 에이스앤
- 입김만으로 알코올 농도 파악
- 사용자의 입김 속 알코올 농도를 측정 관리할 수 있음
- 앱으로 다양한 음주 및 건강에 대한 유익한 정보를 받을 수 있으며, 사용자에게 음주운전 위험성을 담은 메시지를 지속적으로 알려주는 등 음주운전 예방에 도움

　　현재 상용화 되어 있는 제품들의 특징은 특정 디바이스에 의존적이라는 것이다. 바로 스마트폰이다. 아직까지는 각 사물(디바이스)들이 지능적으로 서로 유기적으로 통신을 하여 맞춤형 서비스를 제공한다기보다는 스마트디바이스 기기들이 사람들이 공통적으로 가지고 있는 스마트폰 기기에 데이터를 집중시키고 사람들은 스마트폰을 이용해서 정보를 소비하고 있다. 이러한 것들은 진정한 의미의 사물 인터넷시대는 아직 아니고 유비쿼터스, M2M에서 사물 인터넷 시대로 가고 있는 중간 과정이라고 할 수 있다.

14.4 주요 IoT 구성요소 및 현황

사물 인터넷을 구현되기 위해서 반드시 필요한 구성요소와 각 구성요소들의 현재 현황을 알아보자.

[표 14-5] 2014.5월 미래창조과학부 발표자료

구성요소	현 황
서비스(S)	• (공공) 다양한 시범사업을 추진하였으나, 개발·운영비용 부담 등으로 확산 저조 • (산업) 대기업 중심으로 도입, 중소기업은 비용문제로 도입 저조 • (개인) 웨어러블, 가전, 자동차 등은 글로벌 기업 간 경쟁 중 중소기업은 다양한 생활제품 응용분야에 진출 노력 중
플랫폼(P)	• 국내 대기업은 플랫폼을 개발 중이나, 글로벌 시장 주도력 부족 • 국내 중소기업은 플랫폼 부재로 시장진입 어렵고, 글로벌 기업에 종속우려
네트워크(N)	• 급증하는 트래픽을 SW로 유연하게 처리하는 기술개발 중 • 원격지 사물 연결을 위한 저전력 장거리 비면허 대역 통신요구 증대 • 5G, Giga인터넷, IPv6 등 사물인터넷 활성화를 위한 인프라 개발·구축 중
디바이스(D)	• 스마트폰 이후 글로벌 기업 중심으로 실감·지능·융합형 디바이스 개발 경쟁 중 • 웨어러블 디바이스, 스마트센서 등을 중심으로 시장 확대 전망
보안(Se)	• IoT 서비스(홈·가전, 의료 등) 보안 침해사고 사례가 나타남에 따라 보안 대책 논의를 시작하는 단계 • 설계단계부터 보안, 프라이버시 등을 고려한 기술 및 서비스 개발 필요

필자의 생각에 사물인터넷을 구현하기 위한 필수 요소들이 여러 가지가 있지만 그중에서도 플랫폼과 보안 분야를 이끌어가는 사업자 혹은 국가가 앞으로 다가올 사물인터넷의 중심에 설 것으로 예상이 된다. 이런 추측을 하는 이유는 현재 가장 이슈 사업인 스마트폰 사업을 예로 들어보자. 전 세계에서 가장 많은 스마트폰을 생산하고 판매하는 사업자는 한국의 삼성전자 이지만 가장 큰 시장을 점유하고 이익을 얻어가고 있는 사업자는 구글과 애플 이다. 그 중에서도 구글은 제품 생산을 하지 않으면서도 안드로이드 OS 플랫폼을 제공하고 많은 스마트폰 제조사들이 안드로이드 플랫폼을 기반으로 제품을 개발한다. 구글은 이러한 안드로이드 플랫폼 생태계를 조성해 놓고 수백만~수천만에 달하는 안드로이드 앱 마켓의 광고이익과 안드로이드 앱(App) 매출이익을 가져가고 있다. 최근에는 스마트폰 플랫폼 뿐만이 아니라 웨어러블기기, TV, 자동차, 엔터테인먼트 플랫폼까지 장악하기 위해

서 새로운 버전의 안드로이드를 지속적으로 발표하고 있다. 이러한 전례를 볼 때 사물인터넷 시대에서도 플랫폼을 장악하는 업체가 사물인터넷 시대를 이끌어 갈것으로 예상이 된다.

14.5 가전, IT 기업들의 사물인터넷 플랫폼 주도 현황

아직까지는 특정 업체가 사물인터넷 플랫폼을 주도하지는 못하고 운영체제, 디바이스, 자동차, 스마트 홈, 네트워크 서비스, 보안 등 각각의 분야에서 독자적으로 혹은 연합을 통해서 플랫폼을 만들어 가고 있는 중이다.

[표 14-6]

기 업	플랫폼 주도 현황
삼성전자 LG전자	• 삼성전자는 주로 자사의 생활가전제품과 스마트폰 등을 이용해서 사물인터넷 서비스를 준비하고 있는 것 같다. • 음성인식을 통한 냉장고, 에어컨, 스마트TV, 스마트폰, 태블릿 PC, 갤럭시 기어 등의 기기들을 하나의 플랫폼을 이용하여 제어하도록 하고 있다. • LG전자는 현재 삼성전자의 음성인식과는 다르게 "홈챗(HomeChat)"이라는 메신저를 통해서 유사한 서비스를 제공하려 하고 있다.
인텔	• 인텔은 세계 최대의 CPU제조 벤더답게 사물인터넷 환경에 최적화된 네트워크와의 연결 및 정보 수집을 위해서 하드웨어 플랫폼을 준비하고 있다. • 2014년 CES 2014에서 초소형 x86 컴퓨터인 "에디슨"을 발표였다. • SD카드의 크기에 프로세서와 내장 그래픽카드, 무선랜, 블루투스 모듈까지 전부 갖추었다.
퀄컴	• 가전 업계들과 개발자들을 자사의 플랫폼 "올조인(AllJoyn)"에 끌어들이기 위해서 노력 • 올조인 : 운영체제나 하드웨어에 상관없이 기기간 연결 플랫폼 • 각기 다른 제조사에서 만들어진 조명, 스마트워치, 가전기기등을 올조인이라는 허브를 통해서 연결되고 소통하는 것을 지향하고 있다. • 퀄컴은 "올씬얼라이언스"라는 이름의 사물인터넷 컨소시엄도 주도하고 있다. • 올씬올라이언스 주요 회원사로는 퀄컴을 비롯해 하이얼, LG전자, 파나소닉, 샤프, 실리콘이미지, 티피링크 등이 있다.
애플	• iOS7 발표와 함께 아이비콘(iBeacons)이라는 기능을 선보였다. • 아이비콘 : BLE를 기반으로 하고 10cm 미만의 NFC 기술을 대체 아이비콘의 장점은 신호의 감지 거리가 최소 5cm에서 최대 49m

	● 애플은 아이비콘 기술을 기반으로 하는 아이홈(iHome)이라는 서비스를 통해 스마트홈 시장에 진출하여 "사물인터넷" 시대를 이끌어가기 위한 준비를 하고 있다.
구글	● 구글은 안드로이드라는 강력한 OS 플랫폼을 기반으로 스마트폰과 태블릿, 최근에는 웨어러블기기를 넘어서 생활가전 플랫폼까지 안드로이드 플랫폼을 제공하려는 움직임을 보이고 있다. ● 사물인터넷 관련 디바이스 제조, 생산업체인 네스트를 3조 2천억원에 매입을 통해서 구글이 가지고 있는 막강한 소프트웨어 플랫폼과 현금을 무기로 사물인터넷 분야를 선도하려 하고 있다.

최근의 추세를 보면 생활가전 등의 제조 기반의 사업자는 자사의 기기들(TV, 냉장고, 에어컨 등) 간의 수직적인 하드웨어와 소프트웨어 인터페이스를 도입함으로서 사물인터넷을 선점하려 하고 있고, 소프트웨어를 기반으로 하고 있는 사업자는 제조사에 상관없이 가전기기와 스마트 디바이스들을 연동할 수 있는 플랫폼 개발에 주력하고 있는 것 같다. 그렇다고 제조 기반의 사업자들이 자사의 기기들끼리만 연동하는데 그치지는 않고 플랫폼 개발 사업자들과 컨소시엄을 통해서 자사의 기기들을 표준 플랫폼에 연동하려는 움직임도 병행하고 있다. 어쨌든 현재는 어느 한 사업자가 사물인터넷을 주도하고 있지는 못하고 있고 다양한 사업자들이 사물인터넷 표준 플랫폼을 만들어 가고 있는 춘추전국시대라 할 수 있다.

지금까지 사물인터넷의 개념과 분야, 그리고 주력 사업자들의 동향에 대해서 살펴보았다. 앞으로 이 교재에서는 다루고자 하는 내용은 사물인터넷 분야 중에서 스마트홈 시스템 구현에 대해서 간단하지만 구체적인 예제를 통해서 이해를 돕고자 한다. 헬스케어 분야와 스마트홈 시스템이 사물인터넷 분야 중에서도 가장먼저 발전할 것으로 예상이 되고 현재에도 스마트폰과 연동하여 구현되는 사례가 가장 많기도 하다.

스마트홈

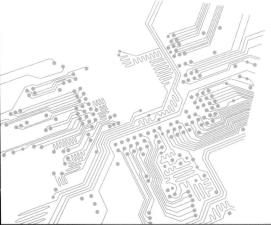

15

C/H/A/P/T/E/R

15.1 스마트홈 서비스 개요

스마트홈이란 무엇일까? 개념을 설명하기보다는 구체적인 예를 들어 보자. 가령 퇴근 이후 스마트폰이나 스마트카드를 들고 현관에 접근하면 스마트 도어록이 자동으로 열리고 현관에 설치된 체중계와 화장실 변기에 소변분석기가 부착돼 당뇨, 고혈압 등 만성질환을 자가 진단하고 그 정보는 인터넷 망을 통해서 연계된 병원으로 자동 전달돼 관리된다. 또, 집 밖에서 원격으로 미리 집 안의 가전기기 및 조명, 난방 등을 조절할 수 있고 전력, 수도, 가스 등 에너지 사용량을 실시간으로 체크해 그 자리에서 사용요금을 파악하기도 하고 침입탐지 시스템 등에 의해서 범죄예방 서비스도 가능하다.

15.2 스마트홈 서비스 종류

가정 내에서 가능한 서비스의 종류와 내용을 간단하게 요약하여 보았다. 이 교재에서도 여기서 요약된 서비스들을 위주로 아두이노와 안드로이드를 이용해서 실제로 구현해 나갈 것이다.

[표 15-1]

서비스 종류	서비스 내용
생활가전	• TV, 냉장고, 에어컨, 가스 등의 가전 기기들을 외부에서 스마트폰, 태블릿 등의 디바이스를 이용해서 원격으로 제어가 가능하다. • 실내에서는 음성명령, 문자 채팅 등으로 대화를 통해서 원격제어하거나 거주자의 행동패턴을 분석하여 거주자가 원하는 내용을 미리 파악하여 자동으로 서비스를 한다. • IP 카메라를 이용하여 원격지에서도 집안을 모니터링 할 수 있고 침입탐지 등에도 활용할 수 있다.
실내 환경 모니터링	• 온도/습도/먼지/환경오염 센서 등을 활용하여 실내의 공기의 질을 실시간으로 스마트 디바이스로 보여준다. 물론 원격지에서도 모니터링이 가능하다.
방범 시스템	• 인체감지 센서와 IP카메라, 소음 센서, 화재 감지 센서 등을 활용하여 외부 침입, 화재 여부를 알려준다. • 귀중품에 RFID 등을 활용하여 도난(위치이동) 발생시 자동으로 알람을 해준다.

홈 케어	• 현관에 설치된 스마트 체중계를 통해서 자동으로 체중 변화를 스마트 디바이스에 전송한다. • 소변기에 설치된 소변 분선기를 통해서 기본 건강 상태를 체크
에너지 관리	• 전력, 수도, 가스 등 에너지 사용량을 실시간으로 체크

위에서 나열한 모든 시스템을 전부 구현하기는 어렵지만 가능하면 많은 내용을 실험하고 구현하려고 노력하였다. 그리고 아직 스마트홈 서비스를 구현 하는데 중추적인 허브 역할을 할 기기가 정해지지는 않았지만, 집안에 항상 위치하고 있어야 하고 24시간 항상 전원과 네트워크가 연결 되어 있어야 한다. 이 조건을 만족시킬만한 기기로는 냉장고, TV 셋톱박스, 인터넷 공유기 등이 있을 수 있다.

이 교재에서는 지면 관계상 구체적인 구현 방법에 대한 내용을 싣지는 못하였고 사물인터넷의 개념과 사물 인터넷 분야 중에서도 가장 먼저 다가올 스마트홈에 대해서 정리를 하였다. 사물인터넷 스마트홈에 대한 모든 자세하고 구체적인 구현 내용은 2015년 중반에 출간 예정인"아두이노 안드로이드 기반 사물인터넷 - 스마트 홈"교재를 기다려 주기 바란다.

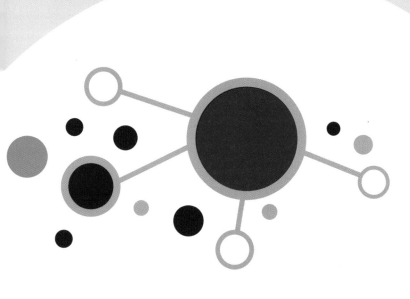

부록 및 색인

이 교재에서 사용한 모든 부품 리스트

미니 브래드보드	아두이노 UNO R3	LED 세트	저항 세트
부품들을 연결해서 실험하는데 사용	아두이노를 배우는데 가장 인기 있는 보드	RED, WHITE, BLUE, YELLOW 4개씩	각종 저항 키트 모음
7 Segment	푸시 버튼	수동 부저	트랜지스터
Common Cathode	4pin Type	부저 테스트 시 사용	S8050 NPN
가변저항	Character LCD	시리얼 LCD	조도센서
가변저항	16 x 1 줄을 가지고 있는 4bit, 8bit LCD	16 x 2 줄을 가지고 있는 Character LCD	주변 밝기에 따라서 저항 값이 바뀌는 센서
온습도 센서	화염감지 센서	기울기 센서	진동감지 센서
DHT11 온도와 습도를 하나의 센서로 측정	화염의 파장을 인식하여 화재 감지	SW-520D 기울기 감지센서	SW-18020P 진동감지 센서

초음파 센서	DC모터	모터제어 IC	다이오드
HC-SR04 초음파센서 거리를 감지 가능	기어박스가 있는 DC모터	L293B DC 모터제어 IC	1N4003로 모터제어에 사용
서보 모터	모터제어 IC	스테핑 모터	자이로 센서
0 ~ 180도까지 회전 가능	L293D 스테핑 모터제어 IC	kh42hm2-901 2상 스테핑 모터	L3G4200D XYZ 회전각 측정
적외선 수신기	Character LCD	XBee USB Adapter	XBee 모듈
37.9KHz CH0B or KSM603LM	37.9KHz CL-1L5 IR LED	FTDI USB 시리얼 컨버터 내장	XBP24-DMWIT-250J
USB 미니 케이블	XBee Shield	USB A–B 케이블	블루투스 모듈
XBee USB Adapter와 PC를 연결하는데 사용	아두이노 UNO R3에 적층해서 사용 가능	아두이노 UNO R3와 PC를 연결	HC-06 시리얼 통신 가능

Ethernet Shield	점프 케이블	RJ45 인터넷 케이블	적외선 리모컨
아두이노 UNO R3와 적층해서 사용	브레드보드와 부품들을 연결하는데 사용	Ethernet Shield와 사용	삼성 TV리모컨과 호환 가능

이 교재에서 사용한 모든 부품들은

http://www.deviceshop.net

온라인 쇼핑몰을 통해서 개별로 구매하거나 키트로 구매하실 수 있습니다.

찾아보기

아두이노 완전정복 교재의 온라인 지원은
네이버카페 http://cafe.naver.com/avrstudio를 통해서 지원합니다.

교재에서 사용된 모든 부품과 키트는
JK전자 온라인 쇼핑몰 http://www.deviceshop.net에서 구매 가능합니다.

▌제품소개

- ARDUINO Kit는 아두이노를 처음 시작하는 분들을 위한 Kit입니다.
- 구성품은 Arduino Uno R3 보드를 기본으로 개발자들이 가장 많이 사용하는 디지털, 아날로그 센서 및 7세그먼트, LED, 저항, 서미스터 등이 포함되어 있습니다.
- Kit 구성품이 손상이 가지 않도록 단단한 플라스틱 케이스로 패키지를 구성했습니다.
- 케이스는 칸막이로 나뉘어져 부품들의 보관이 용이합니다.
- 워크샵이나 각종 교육용 교재로 사용하기 적합하며 초보 엔지니어를 위한 실험 Kit로도 손색이 없습니다.

▌제품구성

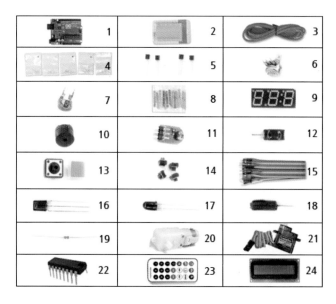

1. Arduino Uno R3 – 1개
2. 브레드 보드 – 1개
3. USB 다운로드 케이블 – 1개
4. LED(RED, BLUE, GREEN, YELLOW, WHITE) – 각 4개씩
5. 트랜지스터 S8550, S8050 – 각 2개씩
6. 가변저항 10K – 1개
7. 화이트 & 블루 가변저항 10K – 1개
8. 저항 1K, 10K, 100K, 100, 470(ohm) – 각 20개씩
9. 7세그먼트 – 1개
10. 수동부저 – 1개
11. 조도센서 – 1개
12. 기울기센서 – 1개
13. 12*12 Tact스위치, 스위치 캡 – 1개
14. 6*6 Tact스위치, 스위치 캡 – 4개
15. 점퍼 와이어(약 18cm) – 20개
16. 적외선 원격제어수신기 – 1개
17. 화염감지 센서 – 1개
18. 진동감지 센서 – 1개
19. 온도감지 서미스터 – 1개
20. 기어박스가 있는 DC모터 – 1개
21. 서보 모터 (SG90 9g) – 1개
22. DC 모터제어 IC (L293B) – 1개
23. 적외선 리모컨 – 1개
24. Character LCD (1601) – 1개

Arduino KIT 구입처 안내
- 복두마트   www.bdmart.kr
- JK전자   www.jkelec.co.kr

저자와의
협의에 의해
인지 생략

실험 KIT와 함께하는 ARDUINO 입문서
아두이노 완전정복

5판 2쇄	2021년 10월 20일

저 자	김경연 / 장정형 / 박민상
발행인	송광헌
발행처	복두출판사
주 소	서울특별시 영등포구 경인로82길 3-4
	센터플러스 807호
	(우) 07371
전 화	02-2164-2580
FAX	02-2164-2584
등 록	1993. 11. 22. 제 10-902 호

정가 : 19,000원
ISBN : 979-11-5906-562-0 93560

 한국과학기술출판협회 회원사